GHOST

爱自己的勇气

Iona
Holloway

[英] 艾奥纳·霍洛韦 著

周坤 译

湖南人民出版社 · 长沙

图书在版编目（CIP）数据

爱自己的勇气 / （英）艾奥纳·霍洛韦（Iona Holloway）；周坤译. —长沙：湖南人民出版社，2023.8

ISBN 978-7-5561-3161-7

Ⅰ. ①爱… Ⅱ. ①艾… ②周… Ⅲ. ①自我中心—通俗读物 Ⅳ. ①B844.1-49

中国国家版本馆CIP数据核字（2023）第012169号

爱自己的勇气

AI ZIJI DE YONGQI

著　　者：［英］艾奥纳·霍洛韦
译　　者：周　坤
出版统筹：陈　实
监　　制：傅钦伟
责任编辑：田　野　张倩倩
责任校对：蔡娟娟
装帧设计：凌　瑛

出版发行：湖南人民出版社［http://www.hnppp.com］
地　　址：长沙市营盘东路3号　　邮　编：410005　　电　话：0731-82683357
印　　刷：长沙新湘诚印刷有限公司
版　　次：2023年8月第1版　　　　印　次：2023年8月第1次印刷
开　　本：880 mm×1230 mm　1/32　　印　张：9.5
字　　数：160千字
书　　号：ISBN 978-7-5561-3161-7
定　　价：58.00元

营销电话：0731-82221529（如发现印装质量问题请与出版社调换）

本书赞誉

认可自己、接纳自己是我们所有人最难拥有也最难保持的能力之一，艾奥纳在这本书中跟我们分享了练习这种能力的必要性与可行性。

——Vice News 执行总监维韦克·肯普

所谓魅影就是一个避难所。通过与女作家格伦农·多伊尔和女诗人玛丽·卡尔相似的叙事风格，艾奥纳回顾了自己与食物、羞耻纠缠的痛苦过往，这种亲身经历也触及了读者的内心，引起了共鸣。如果你是那种会走到镜子前，像法官和敌人一样审视自己的女性，请一定阅读此书。如果你是那种"什么都要"并且厌恶自己的女性，请一定阅读此书。还有那些养育女儿的母亲们，对接纳自己身体这件事情充满困惑的青春期少女们，也请一定阅读此书。

——《欢迎来到乌托邦》作者卡伦·沃比

在本书中，艾奥纳探索了天赋、完美主义与过度健身之间因为彼此冲突所产生的毁灭性后果，同时她也教会了你如何重建自我。

——《企业家》主编贾森·法伊费尔

艾奥纳的书呈现了很多21世纪美国女性内心真切的焦虑、绝望与渴望。她用魅影作为隐喻，引发读者的共鸣，并帮助读者在她直白的描述中找到自己的影子。本书在最后所传递的信息是充满希望的：你完全可以找到自己的力量，而不是被社会对你的期待和限制压垮。你也完全可以摒弃社会教给你的那一套，然后找到真正的自我。

——《勇敢女孩大胆吃：患有厌食症的一家人》作者哈丽雅特·布朗

本书给女性读者提供了一套真实的痛苦自检工具。此书就是开启我们黑暗柜橱的钥匙，通过将柜子里藏着的秘密公之于众，它能将真实的我们释放出来。在这个过程中，它赋予了我们追求改变的勇气和坦然接纳自我的力量，而这就是我们自爱的第一步。

——情感治疗师卡莉·布劳

这本书以一种半回忆录、半宣言的形式告诉我们，不完美可以让我们变得更强大、更美丽，我们应该接纳自己的不完美，而不是将其隐藏起来。作为一名艺术家、运动员、作家以及战士，艾奥纳向读者呈现了一段真实的人生经历，为了获取关注、赞誉和关爱，她曾不惜通过严格饮食和过度运动来支配自己的身体，结果可想而知。接着她又从这段经历中吸取了教训，完成了自我救赎，并提供了他人可以效仿的指南。艾奥纳是个不同寻常的故事讲述者，她写的这本书不是一本饮食障碍患者康复手册，而是引领你走向真正幸福的指南。

——锡拉库萨大学教授梅丽莎·切西尔

几十年来，我的大脑似乎总是快速运转着，就像一位参加奥运资格赛的运动员在进行最后5米的冲刺。本书以极为真诚、直白、坦荡的方式呈现了诸多这样的时刻。在艾奥纳的文字中，我仿佛看到了自己的身影，我的心也为之一怔，因为我突然明白，原来这个世上不止我一个人这样。谢谢你让我以及其他所有的女性被看见。

——桑德斯－温戈集团首席执行官莱斯莉·温戈

在本书中，艾奥纳给了广大女性一份绝佳的礼物，那就是逃离完美主义崇拜的路线图。在这个世界上，许许多多充满智慧的、有创意的、意志坚定的女性为了追求完美，会一直不断打磨自己，直到最后彻底失去自我。这感觉就好像我们一心想要找到完美的表达方式和想法，结果却发现可能根本就没有什么表达方式和想法是完美的。艾奥纳的文字有种直击内心的力量感，这些文字写尽了她这些年来拼命减肥瘦身的辛酸与苦楚。从她的文字中，读者可以回溯她的人生历程，以便发现她是如何堕入完美主义陷阱，以及在这个过程中她又舍弃了什么。本书将满足你身心两方面的需要，同时也是帮助那些本应存于你体内的品质再生的不二法宝。

——《企业家》数字栏目主管弗朗西丝·多兹

艾奥纳的这本书非常具有个人传记色彩，但它同时也写出了女强人们共同的人生经历。它引起了我极大的共鸣，那些背后的真相我深有体会，我想自己会继续朝着自我觉醒和自我疗愈的方向前行的。

——Vice News 资深编辑克里斯蒂娜·斯特本兹

艾奥纳的作品不断激励着我坦然面对真实的自己，时刻自省自查，以便向外界呈现出一个更完整的自己。

——《纽约》杂志播客制作人丽贝卡·萨纳内斯

艾奥纳在书中揭示了我们年少时的经历是如何让我们变得情感麻木，一心追求完美，并最终走向"挨饿——暴饮暴食——疯狂减肥"的恶性循环的。本书用富有诗意的视角深入观察了那些饮食紊乱并过度追求骨感的女性，并呈现了她们内心不为人知的一面。当我读到书中一些令人震惊的词句时，我产生了强烈的共鸣，就好像我也有过相似的经历一样。回归真我之旅注定不太容易，你会在书中找到宝贵的建议。

——体能教练里谢勒·路德维格

本书用优美地道的语言准确地描述了减肥女性们的痛苦，无论是真实意义上的痛苦，还是隐喻上的痛苦，在书中都得到了细致刻画。艾奥纳在书中探讨了许多女性都会经历的身体之战，仿佛女性天生就携带了参战的诚意和勇气。从文学角度来说，它是一部艺术作品，而对那些感觉自己"总是太过"或"总是不够"的女性而言，它又是一本自我疗愈的指南。任何曾与食物和自己的身体有过冲突的女性，都可以与本书产生共鸣。

——公共健康博士候选人特拉奇·卡森

当艾奥纳还是一名研究生的时候，我就很欣赏她，因为她是一个开朗、聪慧、富有创意且积极上进的人。她的论文可以说接近完美。当她后来成为一名优秀的运动员后，我欣赏她的力量、自律和全情投入。但是现在，我更欣赏她了，因为在我们很多人亲眼见证了她的完美后，她敢于吐露自己那不完美的亲身经历，敢于承认自己的遗憾与懊悔，敢于分享自己多年来所承受的痛苦与辛酸。

——广告学教授、创意导演、作家爱德华·博凯斯

因为有幸见证过艾奥纳的整个研究生阶段，所以我对这本充满力量、坦荡率真的作品一点也不感觉意外。在本书中，艾奥纳坦诚地描述了自己的亲身经历和感受，希望以己为例帮助其他拥有同样经历的女性。

——波士顿大学实践课助理教授佩吉·瑞安

目录

第二部分
活出真我

我懂你

我知道，你饥肠辘辘，你苦苦探求，却歧途误入。我曾以为美人当仙姿玉骨、娇弱如花，如今我才恍然大悟，过往一路，我所渴求的不过是有谁、任谁能与一声真心怜顾——"你真的感觉好吗？"然后我会坦然地道一句："其实并不。"

像我们这样的女人

像我们这样的女人，人生于世其实没有什么固定的模式。我们当中有人正在忍受饥饿，有人却在大快朵颐。有人星光熠熠，却也有人正在销声匿迹；有人饱受欺凌，却也有人备受眷顾；有人高谈阔论，却也有人沉默寡言；有人家庭幸福，却也有人从未感受过父亲的气息。

我们的人生并非批量定制，各人自有各人苦。人生道路的颠簸曲折或许不尽相同，但抵达的却是相同的终点。所以听听这些忠言。凭直觉去感受它，去探寻什么才是真正的你？什么才是真正的我？什么才是我们这样的女人真正的样子？

我们成了他人期待的样子。从呱呱坠地的那一刻起，我们便离开了母体的庇护，成了自顾自怜的孩子。父母怀抱下的我们慢慢变得拘谨。渐渐长大，我们开始能够独当一面，也就再没有人对我们施以援手了——哪怕一个拥抱也没有。长大后，没有人会为了我们牵肠挂肚。"她必成大器！"于是我们的眼泪也不再拥有丰富的含义。还有什么值得我们为之哭泣的呢？我们学会了仰面逼退泪水，埋头醉心工作。似乎我们的这种天赋让我们的痛苦隐形了。但是每当我安静地坐在沙发上时，我总在想："为什么就没人懂我的真实感受呢？"

像我们这样的女人，从父母不再回答我们的问题而只会安静地点头的那天起，便已经惹得他们厌烦了。"她与众不同。"他们也曾尝试稳妥地回答我们的问题。只是我们那灵活的大脑常常一惑未解一惑又起，令他们备感自己无用，只能选择默默立于我们身旁，关注着我们的人生，支持着我们的梦想。

然后我们长大了，依旧形单影只。并非因为我们没有追求者，事实恰恰相反，我们拒绝了他人的爱慕与追求，主动选择单身。我们设想无论自己做什么都不需要别人的帮助。我们开始学习各种技能，也学会了一切靠自己。旁观者眼中的我们或勤勉上进，或激进好胜，或神色里显露癫狂之气，或方寸间彰显名门之姿，或"心黑如炭"，或气质高冷，即便夏日骄阳也无法融化我们的冷若冰霜。

面对穿衣镜，我们或是常常驻足于前，对镜自赏；或是不忍直视镜中的自己，紧闭双眼，快速走过。咕咕作响的肚子让我们知道自己的努力正在见效。勒紧的牛仔裤把臀部夹得难受也丝毫没有关系，因为至少它让我暂时抵挡了饥饿的侵袭。体重秤的数字滴滴作响，连生菜所含的热量我们都锱铢必较，生怕自己的体重超标，哪怕只是一星半点。

人们开始称赞我们的自律。这些温暖的评价就像是给我们干裂的嘴唇抹上了润唇膏，让我们一时忘却了所有不适。然后我们明白了：正是这点点滴滴的努力让我听到了一直渴望的声音。

像我们这样的女人，几乎就没被当成过女人。人们总是听着我们不得已的诉说。因为他们知道我们是认真的。我们的家人也不知道何时才是联系我们的合适时机，于是他们便鲜少主动联系。或许他们认为我们一切都能应对自如吧，甚至并不只是应对自如而已。在他们眼里，我们属于人生胜利组，在任何方面、任何领域，不管有没有奖杯，我们都是最后的赢家。像我们这样的女人，痛苦往往意味着我们做得对、做得好。

像我们这样的女人，并非爱情里的行家里手，但我们却用智慧令我们的伴侣为之一怔，让他们如同飞蝇逐腐，觉得美味异常。他们甚至会向朋友炫耀：她真的与众不同，一点儿也不矫情黏腻、患得患失。因此我们又明白了：他们爱的只是强大的我们。

像我们这样的女人，实在是太优秀了。我们是一生只可得一见的女人。亲近我们的人自然而然能感受到我们的独特与优秀，因为我们一定会让他们感受到。他们沮丧地瘫坐在沙发上，因为在我们面前他们实在相形失色。他们的平庸给我们带来了沉重的负担，可一旦我们说破，便会遭到无尽的谩骂与指摘。

但是，我们身披的这身铠甲并非轻易而来。关掉闹钟，穿上鞋子，开始运动，太阳尚未升起，我们的皮肤就已经渐渐泛红，汗水湿透了衣衫。

普通人甚至都不敢与我们正眼相视。他们脆弱的感受在我们强大的自律面前不值一提。我们的注视也让他们平庸的想法瞬间凉了半截。他们的一切所作所为也正如我们所愿。他们直直地注视着我们，目不能移，于是看到了我们正想让他们看见的东西——完美。

几近非人

像我们这样的女人，所有人都注视着我们，却没有人能懂我们。从我们出生的那刻起，我们就失去了哭喊的权利。所有人都认为我们足够强大、无须援手，一切都似乎唾手可得，却没人看到其实我们也需要埋头苦干。

无人关切不是一件好事，但冰冻三尺非一日之寒。我们身陷网中，却不挣扎，因为我们很"完美"。我们干脆将自己的辛苦也隐藏起来，干脆将这些虚假的谎言演绎得淋漓尽致。而我们也怡然自得地享用着自己编造的谎言，如同婴儿一边吮吸着温暖可口、营养丰富的乳汁，一边安然入睡，对于真相我们则选择充耳不闻。

像我们这样的女人，在我们的才华、力量和天赋中，人性柔弱的成分似乎早已毫无踪迹，我们必须时刻勇往直前，丝毫不能露怯，因为世人正对我们虎视眈眈，他们急不可耐地等着吞噬我们的恐惧。我们的眼神只能充满坚毅，我们只能笃定地看向远方。

像我们这样的女人，无论我们做任何事都必须出类拔萃，与他人不分伯仲都不可以，更别说屈居人后了。哪怕只是片刻，我们也从不敢松懈。因为一旦我们停下来，我们便陷入舒适的泥潭，我们的身材开始日渐臃肿，我们慢慢变得不修边幅、满腹牢骚，与常人无异了。

我们必须马不停蹄。如果我们停下脚步，那么我们辛苦营造的障眼法便前功尽弃了。世人就可以清楚地看到我们的真面目，就可以一眼看穿我们的真相。

就像我们在浴室里对镜自照一般，他们可以把我们看得个通透彻底。连空气里弥漫着的恐惧气息都无所遁形。这可恶的怪物！

每当太阳初升，我们便已经开始奔跑。我们拖着沉重的步伐穿过人潮，分明能听见他们不堪重负的心脏正嘎吱作响。不屑便不由自主地从我们心底升腾起来，我们开始嘲笑他们那显而易见的缺陷，嘲笑他们所需要的一切外力扶持。连他们对自己仅存的那一丁点儿自信，都被我们打击得体无完肤。这样无趣的人生简直毫无意义，不值一提！

一臂之距是选择的计量单位：既然做了选择，那么就注定与一些东西失之交臂。我们无法停下脚步，我们也不能休憩。饥饿让我们难以入眠，厚厚的眼袋彰显着我们的荣耀。而这些都是我们为了隐瞒真相的无奈之举，因为只有这样，他们才不会看到我们对镜自照时看到的真相：死胖子！骗子！假货！

像我们这样的女人，世人永远也看不到我们拼命挣扎的样子。他们永远不会知道我们拼命奔跑其实并不是因为心情惬意，而是受制于那腐骨蚀心、令人窒息的恐惧。我们害怕被人发现自己其实是个赝品。

他们永远都不会明白，天赋并不意味着毫无痛苦，能干也并不表示毫不费力；他们永远都不会理解，上天馈赠的才华是无法帮助我们规避人生中的所有伤害与磨难的。

他们看不到我们有多么拼命地在努力。他们从来都是如此。我们如此完美，我们却又一无是处。我们几近非人，我们早已麻木。于是我们选择了隐匿真实的自己，成为捉摸不透的魅影。

然而，我懂你！我能透过你的躯壳，直视你的灵魂。我懂你，并非以你想要的方式，而是以你需要的方式去感受你。在我面前你不必逞强，因为我清楚你的故事。因为那也曾是我的故事。尽管个中滋味或许有所不同，但故事的结局却并无二致。没有与生俱来的才华与天赋的加持，体重秤上的数字也从不见少，工作上更是时感力不从心……这一切已经不足以让我们保持镇定。

像我们这样的女人，正经历着旁人难以觉察的痛苦。我们就是魅影女性，最终都会遍体鳞伤。但我想让你打心底里——这颗心也曾轻松单纯——明白，你并没有错。而我正在前往援救你的路上，我要带你踏上归途，重返港湾。

为何要听我之言

我叫艾奥纳。我的故事开始也是近乎完美。我的母亲似乎无所不能，而我也是旁人眼里天赋异禀的神童，不仅古灵精怪，还带点叛逆。人人都等着看我到底发展如何。而我也没有"泯然众人矣"，一直以来我都是班上的优等生，而且全面发展，多次拿过艺术比赛的奖项。不仅如此，为了彰显个性我还经常故意把衣服反穿。我曾代表我的故乡苏格兰去参加比赛，也曾是锡拉库萨大学曲棍球队的守门员。读书时教授们都很喜欢我，工作了老板们也对我青睐有加。毫无疑问，我的收入也是一路看涨。至于我的身材？哈，可以说迷倒万千路人！

我曾拥有世人想要的一切。然而，我却宁愿深夜不归，甚至希望自己一睡不起。我似乎没有任何理由这样做，毕竟我的前途一片光明。但就是在那时，我却感受到了世上最恐怖的事情——一无是处。

密布着恐惧的一无是处如同炙热的火焰一般灼烧着我。我害怕人们看出我光鲜亮丽下的平庸无奇，于是我在看不见的痛苦里歇斯底里地呐喊，只有这样我才能感觉自己依旧强大。

我开始减肥。在过去超过15年的时间里，我向身体发起了战争，从节制到放纵，再到疯狂锻炼。在这个过程中，我从未停止过努力，那是悄无声息、不露声色的努力。

战争的结果总算令人欣慰，它使我总能呈现出众人期待的样子——一副女强人的样子。我的身体与食物之间产生了难以调和的矛盾，这种矛盾迫使我成了一名出色的运动健将。突破极限成了我的职责所在。长达数个小时的训练不仅成了家常便饭，也成了我多年来满足口腹之欲后寻求补偿的手段。每次登上飞机，我都对自己说，降落后我就可以开始全新的生活，这次一定不同以往！

只可惜，结果并不如人愿。于是年复一年，做自己对我来说变得越来越难。我藏起了自己的痛苦，没人可以觉察，即便有人看到了，他们也装作视而不见，不发一言。他们只看到了我想让他们看到的东西，那便是我的完美。

二十八九岁的时候，我触及了人生的低谷。我的整个人生都是围绕着消耗卡路里这件事情在转动。我常常一开始粒米不进，然后又大吃特吃。接着又不得不拖着臃肿的身躯去健身房为自己的一时嘴馋寻求补偿。有时候即使饿得不行了，我也会摇摇晃晃地支撑着孱弱的躯体，在办公厨房里斤斤计较着羽衣甘蓝的重量。就这样，我的身体受到了伤害，我的皮肤也失去了光泽，甚至我的月经都不见了踪迹。

那时我以为减肥就是那个样子。我常常梦到自己的葬礼，我觉得自己可能再也好不起来了。但是现在我站在这儿，我想告诉你我是如何走到今天的。

无论外形、气质还是谈吐，当我在泥淖里挣扎求救时，我没看到任何跟我一样的女人。有的只是一束又一束的鲜花和空洞的言语。卡片的色调疏疏淡淡，印刷的字体工工整整，一句"亲爱的"冷冷冰冰。而这都不是我想要的，我想要的不过是有人能真心地轻唤我的名字，坦诚地告知我真相，不必大张旗鼓，简简单单地就好。

在这本书里，尽管可能是人生第一次，但是我希望你能感到自己被看见、被理解、被支持。这是我们的故事，是我的，也是你的。这是魅影女性的故事。她们是一群很久前便失去本心的女性，一群将自己的痛苦隐藏的女性，一群想要通过瘦身而被正视的女性。

我想让你看清，为什么天赋异禀的女性并没有得到她们渴求的关爱？为什么你一身才华却要饱受苦难？我想让你看清，关于你的定义不过是一张谎言织就的网，一开始他人织网，而后你又作茧自缚。我想让你看清，完美是如何一步步引你入套，逼你走上了绞刑台？我想让你看清，为何表里不一会让你觉得自己虚假？我想让你看清，是何缘故众人无视你的痛楚？你的身体又因何沦为了你的战场？我想让你知道，该如何真切地活着，又该如何抽身于情绪的寒冬？以及如何摆脱羞愧、责难与恐惧？因为目睹了你隐藏的痛苦，我想要告诉你，该如何疗愈你身边的女性，甚至未来的女性。我想要告诉你，面对人生的变数时你该如何顺势而为。我还想让你明白，其实你不仅是自己最具智慧的导师，也是自己永恒的灵感源泉。

我想要告诉你，只要按照我说的去做一件事，你就可以彻底解放自己——因为我就是成功的范例——那便是敢于示弱。既然敢于示弱解开了我的枷锁，那么这样做也会解开你的桎梏。

这本书里的故事，有些是我的亲身经历，更多则来自我身边的一众女性，她们中有的人曾与我促膝长谈，倾诉衷肠；有的人在我的指导下逐渐摆脱了痛苦，恢复了健康。我告诉她们每一个人："九层之台，起于累土；千里之行，始于足下。"书中的故事会教你如何让自己的痛苦被他人感知，从而帮助你打破完美带给你的枷锁。

开始出发

从未有人真正关心我的感受，他们总有自以为是的答案。无人关切并非什么好事，我也并非岁月静好。我如此，你亦如此。但此刻的你，却大可安心，你不用再故作强大，也无须再刻意追求完美，更不必再时时表现最佳，自此以后，再也不必。连你的自觉破败不堪，都不过是一种认知错觉。让我来告诉你如何感受真实。若是感觉痛苦如泰山压顶，或是工作令你难以喘息，请记住下面的话，从现在开始，跟减肥说再见吧！

第一部分

你为什么消失不见

第 1 章

为什么他人对你的
痛苦视若无睹

※

不清楚我是如何来到此处的，但是我的手中赫然握着一卷纸稿，上面的小字密密麻麻，凌乱的笔画铺满边边角角，一眼望去，还能发现几处错误。

我转过身，看到了拱形的天花板，斑驳的窗玻璃，同时，风琴的旋律直上云霄。我站在舞台上极目远眺，看到了成千上万双眼睛，那是一双又一双无聊的双眸。这大概是我人生的最后一天吧，至少它看上去如此。

这是我毕业典礼的那一天，作为代表，我正在舞台上慷慨陈词，台下也都是胜利者。这种场合免不了无聊与客套，可我感觉并不好。其实从昨晚修修改改时，我就开始感觉不太好。他们想要听一听"完美"究竟是什么样子？

我开始演讲了，颤抖的声音里透着一丝恐惧，它听起来都不像我的声音了。我艰难地继续演讲。鬼使神差，我坦白了一切："当你醒来看向镜子时，你本应开心地迎接精神的面容，可镜子里除了怪兽什么也没有。"这时，气氛逐渐僵硬，沉寂飘浮在半空，台下一片悄然，礼堂鸦雀无声。泪水在我的面颊止不住下滑，校长亲自递来一张手帕，他的脸上写满不解与惊诧：这不是一个学生代表在她毕业的前夕，当着全体师生与学生家长该说的内容啊！毕竟，大家眼里的这个女孩如此聪慧。她琴棋书画、体育竞技无所不能；她天资聪颖，满身荣光。可是如此拔尖的她此刻竟如此崩溃，这显然不合时宜，不是吗？带着满心的困惑，我开始搜寻母亲的目光，但一无所获。我开始沉默，礼堂却开始沸腾。人们纷纷起身，满脸疑惑。不过这对我而言并不重要，因为除了感到裙子紧紧地勒住了髋部，其他我毫无知觉。我沉沉地瘫坐下去，奖杯拥簇着我。我悻悻然地回了家，从此再无人提起我，直到我重新有了爱和勇气来写出这本书，我才结束了长达12年的销声匿迹。

隐形的孩子

生而为人并非魅影女性自己的决定。我们之所以降生，是因为父母觉得小孩实在太天真、太美好了，小孩既活泼灵动又乖巧可爱，做什么都又快又好。能力强大并非一个小孩想要的特质。如果一个小孩能光速学会所有东西，那么他的父母在教育上就相当有压力了。不仅如此，对太有能力的小孩而言，他也错失了犯错的机会。过于聪明机敏往往会导致我们的感受被忽视。可是，我们并没有被鼓励做个普通的小孩就好，反而被要求精益求精，我们加快脚步进入了复杂的现实社会，成了被大家盯着长大的孩子。打从一开始，寻常的规则在我们身上就不适用。完美无瑕成了别人对我们的标准和要求。

人们想当然地认为，隐形的孩子天赋异禀，不同寻常。但这种虚假的天赋对这些孩子来说却是有害的。不管是有意还是无意，我们在成长的过程中总能感觉到自己被区别对待。我们分明能感受到，父母和祖父母待我们与其他兄弟姐妹不一样。他们常常一脸困惑地将头歪向一边，对我们的行为表示不解。当我躲在沙发背后尝试做一件以前没有做过的事时，我能听到祖父嘟囔道："她已经会做这个了。"还有那些带着恭维的笑的老师，他们会将我的母亲带到一边，边说边朝着我的方向点头："您的孩子真是与众不同，可聪明了呢！"

我们听见他们在偷偷讨论我们的天赋。一时间，我们的头脑都变得清醒过来，狂妄和自大也全都收敛了起来。他们讨论的声音很小，可我们还是听见了，我们的心都快跳到嗓子眼了。

我就是这种小孩。我喜欢这种"出类拔萃"的感觉，这种感觉很特别。我才8个月大时就学会走路，随手拿起乐器就知道该如何演奏，网球拍、曲棍球杆也是上手就会。似乎一切在我这双灵巧的手上都是小菜一碟。甚至与年龄大我一倍的女生比起来，我也要厉害许多。于是各种奖牌、奖杯、奖品我都拿到手软，毫不客气地说，它们就像胶水一样黏着我，甩都甩不掉。

聪明的孩子往往人生顺畅，这是不言自明的潜规则。即使有时候我们的父母并非有意为之，但是他们往往很放心让我们单独行事，还总是拿我们的聪明才智与兄弟姐妹们做比较。而其他孩子的家长，也经常一边羡慕地看着我们这群"别人家的孩子"闪闪发光，一边幽怨地看向自己腿边极力挣脱束缚想去玩耍的"不争气的娃"。

在古代历史名画中，孩子并没有被描绘成孩子的模样，而是被描绘成了成年人的缩小版，他们拥有类似成年人的面庞、胸脯和躯体。画中的孩子会参与劳作，以证明他们能自食其力。而如今，隐形的孩子其实也没什么两样，能力出众这一特点人为地缩减了我们的童年时光。我们成长得太快了，很快就能把那些无论是等着看我们出丑还是羡慕我们能力的人都玩弄于股掌之间，让他们不得不臣服于我们的能力之下。只是我们不曾发觉，当我们闪闪发光璀璨夺目的时候，我们的本心也正在悄然流失。

光芒四射

隐形的小孩总是无忧无虑。而这也成了我们无声的指令，你不得不时刻表现得从容不迫。我们必须无所不能，未来必定一片坦途，获得成功宛如探囊取物。我们鲜少哭泣，因为没人看得见我们的眼泪，没人听得到我们的心声。我们成了天赋的替罪羔羊。隐形的孩子也有自己独自挣扎的时候，只是很早就学会了对此缄口不言。我们很早就明白泪水是无用的，也明白应该对自己拥有天赋这一点心怀感恩。我们早早地就学会了隐忍并让自己变得更强大。只是每次看到乖巧可爱的小孩兴冲冲地向母亲奔去，而他的母亲满脸欣慰的场景时，我们也不免艳羡，因为这是我们永远也无法感受的甜蜜。

时光荏苒，几年下来，压力在这些天才少女瘦小的身体里慢慢积压。我们毕竟还是太年轻了，根本没有意识到这场游戏里充满漏洞。拼图游戏、家庭作业，以及我们像咀嚼干面包一样细细品味的书籍，都不过是加固了我们身处的浴缸，没错，就是这个浴缸象征着外界对我们无法言明的期待。就是在这个浴缸里我们慢慢开始为自己而奔跑，就是在这个浴缸里我想我们终有一天会溺亡。

失败所带来的挫败感令人厌恶，好在隐形的孩子不用一早就遭受这样的重击。还有不够完美所带来的痛楚，能力有限所带来的无奈，这些我们也统统不用体验。在我们擅长的事物上，规则形同虚设。至于无能为力、崩溃人前的情形，我们也绝对不会遇到。我们压根儿就不知道什么叫屈居人后，更不了解"优等"之后还有什么别的等级。我们超凡脱俗的能力仿佛给我们穿上了一件护甲，让我们免于遭受普通小孩日常遭受的各种伤害，甚至连一点点磕碰和擦伤都不会有。可惜，就是在如此周全的保护下，我们变得越来越弱。

普通小孩清楚地知道自己就是普通人，他们能够看到、了解自己的不足。他们可以失败，可以哭泣，之后还可以得到安慰的拥抱。因为知道自己普通，他们明白尽管自己有瑕疵，但还是有人关爱着自己。没人对他们有过高的期望，周围的人都告诉他别担心，不要有太大的压力。他们不仅能得到源源不断的帮助，而且根本不会有人责怪他们能力不足，因为一开始就没人认为他们能够独当一面。

普通小孩肯定也有自己的挑战，但完美带来的痛苦绝对不是其中之一。

作为隐形的小孩，追求完美既是我们的使命，也是我们无法承受之重压。我们必须始终光芒四射、璀璨夺目。一直被神化让我们不知道自己还有几分常人的属性。我们也不知道会不会有人在我们失败后还依旧爱着我们。当然，我们也不知道漫长的苦苦挣扎究竟是何滋味。一切都犹如迷雾一般，让人难以看透。在我们看来，无论我们做什么，结果都必须完美，哪怕是我们脑子里压力的回响都必须听起来完美至极，无可挑剔！

于是渐渐地，连那些等着看我们出洋相的人也开始相信我们能力超群，并且不需要任何外力的援助。连我们的父亲发现我们不见了也懒得去寻找，因为他们相信，以我们的才智根本不可能走丢。我们的母亲也常常因为我们过分独立而感到自己被疏远、受伤害。他们都没有意识到，其实我们与其他孩子并没有什么区别，我们的心也一样能感受人情冷暖，痛苦也从不会对我们格外仁慈。

失败也是一种技能。接受自己的失败也是需要不断练习的，而且随着年纪渐长，你会发现自己越来越难掌握这项技能。隐形的孩子根本没想过学会示弱。我们压根儿不知道什么叫失败，也不知道如何承认自己的失败，更不清楚失败了还依旧有人关爱是何感受。

很快，我们就消失在自己的少女时期了。因为我们出众的能力，我们早已失去常人的属性。那时的我们并不清楚苦苦挣扎会是怎样的体验，也没想过他人能看出我们的不适。是不是即便自己失败了也还是有人关爱着自己，我们并不确定。但是我们渐渐明白，原来完美才是从未露面的始作俑者。他人的援助从未出现，这一生我们只能靠自己。

人生于世，从容安逸并不是我们所渴求的东西。安逸的人生不过是一种假想罢了。当我们身边所有人总是谈论、称赞我们的能力时，我们的自我就偏离了本位。于是我们的价值便不再是内在的了，我们开始被自己的表象、自己的行为束缚。

最终我们成了人人注目、个个艳羡但无人真正能懂的女性。能力出众与天赋过人就像面具一般，遮住了我们的瑕疵，让世人无以得见。我们得到的反馈永远都是对我们完美的褒奖，所以我们只能一直完美下去。

完美的压力

大自然中是不存在完美的，因此人也是无法完美的。从某种程度上而言，即便是隐形的孩子中最具天赋的人，也有极限与不足。我们也会遇到无法立即上手的事情。

如果噩梦有开端，那么我想这就是。我永远也忘不了自己第一次羞愧到脸红的场景。那是一天放学后的晚上，当时我正在祖母家学习除法。计算的结果总是出错，我一点儿也不喜欢这种感觉，但是脑子里冒出的"我需要帮助"的想法更让我感觉如鲠在喉。我完全不知道该怎么说出这几个字。我纠结了好一会儿，最后还是自己写出了答案。我那慈祥的祖母走过来坐到我旁边，仔细端详我的作业本来检查我的作业。她一边看一边点头称赞我功课做得好。听到祖母的夸奖我开心地笑了，然后开始兴奋地享受祖母为我准备的柠檬酥皮馅饼，这可是我的最爱。

第二天，我收到了老师的作业批改。我分明看到老师的眉毛疑惑地皱了起来，因为我的计算大部分都是错的。我羞愧地不敢直视老师的眼睛。我的整个脸颊一下烧了起来，变得通红。一股羞愧的热浪沿着我的脊柱迅速扩散到全身，泪水止不住地涌了出来，刺得眼睛生疼。我立马用灰色的毛衣袖子挡住自己的脸，不想被人看见我的窘态。

做错几道算术题可能算不得什么大事。但对一个从未出过错的小孩而言，这却并不是一件小事。我感觉自己的世界瞬间崩塌了，整个人掉进了无底黑洞。你无法想象我当时有多么窘迫，我的心脏都要炸开了。我甚至希望我的祖母去死，因为要不是她在检查我作业时胡乱夸赞我，我就不会遇到如此难堪的时刻了。

我暗暗发誓再也不要遇到这样的事了。我开始怪罪我的祖母，甚至决定一年都不搭理她。我不再让她靠近我，因为她不值得信任。

掠夺

人生就像一场杂技表演，对于有天赋的孩子来说，完美就是我们必须要走的钢丝。而不完美却并不是一张在我们掉落时能够接住我们确保我们无虞的安全网。我以前不知道在人前出错是什么感受。似乎整个世界都在期待着完美，我只好拼命掩藏我的不完美，默默挣扎着。

只是怎样才能掩藏我的不完美呢？没错，就是努力这种既冷漠又有杀伤力的武器。于是我开始拼了命地努力。

你是无法觉察一个隐形的小孩是何时学会了默默努力的。就好比一只小猫表面一如既往地装作高冷，却毫无征兆地死于肾衰竭。这么多年无所不知，突然间要承认自己也有"不知道答案"的时候，这份尴尬足以让一个天才少女沉默不语。我特别害怕一长串除法计算的结果后面又是一个个红红的叉，害怕到我宁愿把自己多关在房间里半个小时，直到我确保自己的答案是正确的。

在我们看来，错误不仅仅是错误，更是大众对我们价值的评判。于是这种默默努力便悄然开始了。这些小小的举动意味着，我们开始与自我暗暗较劲。这些举动同时也预告了无尽的痛苦。

很快，情况开始变糟。尽管我的父母没有逼着我非成功不可，但我飞速旋转的大脑还是很快学会了绕过孩童时期的天真，直接将所有事情都视为残酷的竞争，并且是只有一人能赢的竞争。追求完美彻底掠夺了我的快乐。连普通的玩乐都被我注入了无情的竞争，我真是太惹人厌了！一旦游戏输了，桌面便被我一拳砸翻，棋子散落一地，我面红耳赤，心里更是火气翻腾：我怎么能输呢？真是太丢人了！每次输的时候，我都感觉我的整个世界都要崩塌了。于是我不再玩任何游戏。

随着年龄的增长，我变得越来越依赖取胜来证明自己的能力与价值，人生也就随之变成一场我永远也赢不了的游戏。

小时候转瞬即逝的困难时刻，如今转变成了我在健身房连续数个小时挥汗如雨的拼搏时刻，我将自己的身体打造得没有一丝赘肉，连胸部也练得平坦如熨衣板一般。不仅如此，学习上我也对自己近乎苛刻，虽然书中百分之九十的内容考试时都不会考，但我能记住整本科学书的内容，连目录表都记得一清二楚。我严格执行着每日的行程安排，毕竟在制定安排时，仅仅计划如何节食就花了我几个小时，这份自律也的确在我追求完美的路上帮了大忙。

对我们这样的女人而言，任何事情非无即有，非输即赢，非黑即白，没有中间地带。求胜心切让我们的心也学会了隐藏自己，而追求完美的观念早已在我们的心中根深蒂固，成了我们自己选择的武器。

四分五裂

当外界对我们能力的认知与我们实际的内在经验出现了明显的偏差时，人们口中的天才少女便消失了。外界评价与自我能力的分歧导致了我们的分裂。我们不再是内外一致的整体。父母、老师、兄弟姐妹以及好友眼中的我们一如以往，我们依旧才华横溢，宛如一颗急速上升的新星。除了我们不再真诚，他们看到的依旧是一个能力出众、无所不能的年轻女孩。

这些看似微不足道但却令人痛苦的分裂，慢慢给一个孩子的内心蒙上了又长又暗的阴影。第一道自我怀疑的裂缝逐渐爬满了我们的整个身体，第一次感觉自己的外在与内在可能并不匹配，第一次感到自己像个赝品……你知道这些感受有多难受吗？就是在这些时刻，隐形的孩子学会了如何将装出来的毫不费力化为自己的武器。这也就预示着，我们不得不接受内心的挣扎，为常人所不能为，并付出更多的努力。

这种虚假的"能力出众"极具破坏性。众人都认为你才华横溢、无所不能。当你自己不相信自己时，外部与内在间的裂缝就悄然产生了，土崩瓦解也只是时间问题。就好比两块地壳彼此相撞，相互较劲，最终一块缓缓上升，而被压着的另一块则只能慢慢下沉。不仅外界的评价重重地撞击着我们实际的能力，表面的自信也在重创真实的我们。这种冲突产生了无人能够承受的压力。

随着失败不断涌现，我们长久以来身居高处的光芒逐渐黯淡，维持完美人设的赌注也就越下越大。我们不得不努力努力再努力，只有这样，我们才能维持毫不费力的表象。我永远也忘不了觉醒的那一天，因为在那一天我突然意识到，为了成为"完美的自己"，我不得不每天锻炼至少4个小时，每天都要达到精确的卡路里消耗目标，而且往后余生都要受禁于此、不得逃脱。

我仿佛看见时间在眼前不断延伸，这漫漫岁月里我都不得不如此辛苦地煎熬着，直到我彻底离去。这深深的恐惧弥漫在空气中，让我满身冷汗，背脊发凉。这太难了，做一个"完美的自己"实在太难了，这犹如泰山压顶，让我无力喘息。

但我本可以去质疑，是否故事就真的要如此发展？是否我真的要这样煎熬着过一生？除非我的双手被铁钉钉在了两侧，否则我是可以早早举手投降的啊！

可惜魅影女性从不求助他人。我们向来拒绝平庸的建议。我们坚信，疑惑只会暗中削弱我们的力量。我们根本无权哭喊。更何况就算我们这样做了，又有谁会听我们倾诉呢？

强压之下依旧选择寸步不让，心中苦楚却又不知诉与谁人听，这就是魅影女性的处境。这样的处境致使我们极其渴望能有办法缓解完美所带来的压力，修复自我认知上的裂痕，抛却重重桎梏然后超然物外。

我们都有濒临崩溃的节点，即便完美的人也不例外。

第 2 章

当完美女性
崩溃时

※

　　回首遥望，此去经年，仿若遥遥无期。我一如既往地出现在大家面前，专心做好自己的事情。当然，我也一如既往地闪闪发光，璀璨夺目。当人前的表演结束，我便漠然回家，仿若行尸走肉，有时倒希望自己不如死掉好了。我总是饿，然后我便一顿胡吃海喝，直到撑得动弹不得，然后昏昏沉沉地睡去。但是，第二天我还是会醒来，再一次出现在大家面前，专注自己的工作，闪闪发光，惊艳众人，然后行尸走肉般地回家，饥肠辘辘，胡吃海喝，昏头大睡，再度醒来……如此循环往复，如坠泥沼，无法自拔。然而我却不以为意。

　　13岁的时候，我已经上了高中，对我来说，每天背去学校的午餐简直就是一场噩梦。一路上我总记挂着背包里的食物，它们仿佛在我的背包里窃窃私语。来到学校，我会走进厕所里，坐在马桶上。我穿着白色的衬衫，下摆扎进小小的彩色格呢裙里，没过一会儿，身上便有了一股厕所清洁剂的味道。不过我无暇顾及这点，我打开背包，取出食物，一把撕开塑料包装，拿起奶酪三明治就往嘴里塞，我吃相太凶，所以不小心划破了上腭。尽管满嘴都是血腥味，我也丝毫没有停下来的想法，因为相比饥饿这又算得了什么？不过，我还是全校最苗条的女孩。

16岁的时候，我的早餐就是一升开水加上几勺无糖果汁。每次我都暗暗祈祷，希望我能撑到吃午餐。然后我迅速系好鞋带，一路朝学校奔去。是的，我时常这样，直到我开始大便失禁。不过，没关系，我还是学校里最完美的女孩。

18岁的时候，凌晨5点，我迫不及待地打开鲱鱼罐头，没错，它是凉的，但我已经等不了了，因为从凌晨3点开始我就一直惦记着它。很快，鲱鱼罐头的臭味弥漫了整个房间。我太饿了，连叉子都顾不上用就直接上手抓起来吃。无论是酥脆的鱼骨还是光滑的鱼皮，我统统都不放过。就像一条流浪多日的饿犬突然遇到了美味珍馐，我一顿狼吞虎咽。吃完鱼肉，我端起罐头，用手指一圈一圈地刮下残存的汤汁，一滴都不愿浪费。也许这就是我那时一天仅有的一顿饭了，不过没关系，反正我也没什么朋友，没人在意。

20岁的时候，那是一个典型的纽约盛夏的夜晚，我躺在床上，身上燥热黏腻，十分难受。我的双手在全身上下游走，竟然摸到自己的尾骨。我竟然瘦到能摸到自己的尾骨！这种感觉太棒了！我的胸部和肚子也平坦得像个男孩子。饿着肚子是很难入睡的，但没有关系。

　　23岁的时候，那是一个周一，是的，那又是生不如死的一天。一想到接下来的5天都要戴上虚伪的面具，我就浑身难受。我满脑子都是奶油冰激凌甜甜的味道。这已经不是第一次这样了，上周一如此，上上周一也是如此。但没关系，我今天一定更加倍努力地锻炼。

　　26岁的时候，我的手正伸向存放食物的吊柜，一边用手肘推开乱七八糟的杂物，一边往里面东翻西找，我昨天明明看见室友把比萨放进去了。为了拿到食物，我的膝盖不得不顶在常年没有清洁的厨房瓷砖上。啊！我看到了，我看到室友在奶酪上留下的牙印了！我一把抓过它来塞进嘴里，一股浓重的霉味儿向我的口腔袭来，但我还是没有停下咀嚼。相比饥饿，这都不是事儿！也许我今晚可以睡得着了。

　　28岁的时候，我向公司请了病假，那时我正在购物，我去了3家不同的商店，因为这样一来，就没有人像我那个老板一样对我买的东西说三道四了，他真是既吝啬又刻薄。早上10点左右，我突然感到眼皮一沉，然后直接晕了过去，手里吃了一半的新月形面包，拎着的几袋薯片以及几盒冰激凌全都散落一地。醒来的时候，我发现自己躺在医院的病床上，我的食物也被堆放在床的一角，而冰激凌早已融化，还把床单弄湿了一大片。不过没关系，明天又是新的开始！

不过没关系，不过没关系……我总是这么告诉自己，直到真的出了事。

错误的战争

魅影女性打了一场旷日持久的战争。我们坚信，贪婪无度、赘肉横生的躯体才是自己必须勇敢面对的恶魔，我们应该坚定战斗的意志，从而将这恶魔驱逐出我们的身体，送它滚回地狱！一直以来，我们都将自己的躯体视为水火不容的敌人，可它真的就是吗？还是仅仅因为你能真实地感受它的存在，就想当然地自以为这样了？答案很明显。我们之所以赘肉横飞，濒临崩溃，是因为我们连最简单的规则都遵守不了！这话听起来多么言之凿凿，不容置疑。于是我们开始减肥！说干就干！对于女性来说，除非一件事我们根本做不到，否则控制自己的冲动本应是小菜一碟。至于你为什么做不到的理由也很简单，那就是你根本搞错了战场！

想想每次你因为饿得不行而无法专注于任何事情的时

候，你再也不用执着于他人期待，只觉得浑身乏力，死气沉沉。你疲惫不堪，连内心喋喋不休的咒骂都无力进行，虚弱到只能沉沉睡去。想想你饥饿到身体僵直，犹如岩石，只能通过暴饮暴食来减轻这钻心蚀骨的煎熬，可是虚弱的身体根本承受不住这突然的补给，于是你又呕吐不止。好在现在的你终于不用再时时苛求自己力求完美了。只是这感觉也实在太难受了。

其实，一直以来你连战场都弄错了。想想这么多年你拼了命地减肥健身，让人们不得不注意到你顽强的意志。至少在减肥这方面，你达到了我们这代人关于饥饿美的标准。

看看我这苗条的身材，看看我的努力！

对瘦小的身体而言，饥饿让你无暇顾及外表的从容淡定。只有把自己饿到骨瘦如柴的做法，才能将你从这令人窒息的完美中解救出来。饥饿让你头昏脑涨，神志不清，思维慢如糖浆流动。

狼吞虎咽，暴饮暴食直到反胃呕吐的感觉，就好比用外科手术刀划穿鼓胀的囊肿一般，脓汁四溅——压抑已久的痛苦终于喷涌而出。虽然恶心，但让人暂时舒爽无比。

只有疯狂锻炼到受伤的边缘，达到筋疲力尽的程度，才能让自己的大脑不去思考。否则脑子里就会一直充斥着各种杂念，无时无刻不在提醒自己的无用。

面对赘肉横飞的身体，减少食物摄入是魅影女性的应对之策。疯狂锻炼则是另一条救命索。相比其他策略，这两种策略的效果可谓立竿见影。于是我们沦陷了，成了这两种生存策略的奴隶。每天要么在压力与肾上腺素的刺激下兴奋不已，要么筋疲力尽地躺在地板上无力动弹。就这样，好好的身体被我们弄得千疮百孔。

这就是完美的阴暗面。这场与身体的战争只有两个结果，要么闪耀动人，众人瞩目；要么形同枯槁，与死无异。我们用来缓解压力的战术，最后带来的只是无尽的痛苦。可笑吧，解药变成了毒药。我们终于开始觉醒了。

一场天灾

魅影女性深陷减肥的束缚之中，我们坚信身体就是问题的根源。我们相信星火亦可燎原，就是不起眼的小事使我们变成了这样。但其实我们苦难的根源却与食物和我们的身体并无关联。

我们迷失在维护"完美女性"这个人设的孤独之中。表面上，我们从来都是星光闪耀，能量满满，因此我们完全没有注意到，其实根本没人期待我们变得完美。自始至终只是我们自己要过这样糟心的生活，是我们自己害怕出错，以及痴迷这定格的完美罢了。

可悲！我们稀里糊涂地参与了一场错误的战争，还无比勇猛地冲锋陷阵！用的就是我们都熟知的武器。我们好像挥舞着人生的魔杖，要将顽石都点化成金。于是我们表面淡定从容，背后却悄悄使力，作起了弊。

我们真的太强大了，但我们也错得太荒唐了。不是所有的事物都必须完美。可惜魅影女性们并不明白这句话的真正含义。我们一方面痴迷于努力，另一方面又害怕世人发现我们平凡的真面目，于是我们努力克制自己，力求让自己心如止水，寡言少语，专心锻炼。我们对痛苦的包容性实在太强了。待子弹7次穿心而过后，我们才奋起反抗，如同一匹老马直到面临安乐死，心有不甘时，才想起奋力挣扎。

受伤

如果把我们的身体比作大脑，那么感官感觉就是它的语言。饥饿是它虔诚的诉求，痛苦是它急切的呼救。作为魅影女性，我们的身体却从不言语。能够驾驭自己的身体，这让我们深感自豪。

我在锡拉库萨大学打曲棍球的时候，一点儿都不顾及自己的身体。那季比赛我们大获全胜，一路畅行直逼全国冠军赛。

在我们倒数第二场比赛的时候，我太兴奋了，一蹦而起想要庆祝我们即将得大满贯，可没想到，我落地的时候一不小心重心不稳崴了脚，我重重地摔倒在地上。我只记得嘴边潮湿的塑料草皮的味道，除此之外就感受不到任何东西了。

我努力尝试爬起来，可是我的脚踝疼得厉害，它不停地颤抖，就像融化的巧克力一样软绵无力。剧烈的疼痛迅速蔓延到整个大腿，我的脚趾也止不住地痉挛起来，疼得我放声大叫。我的队员们见状，立即上前把我搀扶起来，架着我离开了赛场。

下了赛场后，队医让我坐下，然后小心地将我的橘色运动长袜褪去，以便露出我的脚踝来，只见我的脚踝又红又肿，像个鼓起的气球，完全看不出里面还长了骨头，倒是看起来与我祖母臃肿的脚踝没什么两样。红肿的皮下迅速开始渗血，如同石油泄漏一般。面对这种棘手的情况，队医顿时慌了手脚，尽管她试着掩饰自己的慌张，可还是让我觉察到了。

真是糟心的人生！没办法，我只能被急匆匆地送到医院接受紧急拍片，并检查伤情。

"我明天还能比赛吗？"我哽咽着用力挤出几个字，因为实在疼得厉害。

医生摇摇头："怕是不行，小朋友。"

"我要多久才能恢复啊？"

"恐怕要休养3个月。"

但在第二天一早，我还是一瘸一拐地去了队里的医务室。

"麻烦您给我绑紧点儿。"

队医一边一层又一层地给我的脚踝绑上白色绷带，一边直摇头。

我的整个脚踝没有任何知觉。绷带紧紧缠绕着我的小腿，把我腿上的皮肤都挤进了绷带的间隙里，我能清晰地感受到，整个小腿的皮肤都被用力地拉扯着。我的脚趾也被裹得发青，那种刺痛就像被针扎一样，连穿鞋子都成了一件难事。

没错，我靠单腿进行了比赛，但坚持了90分钟后，我们还是输了。当我的队友们在边线外开始收拾设备的时候，教练员一把拉起我，将我的手搭在他的肩上，搀着我走下了赛场。

我一个人静静地坐在诊疗室里。就在那时我才突然意识到，我要休养整整3个月！

3个月不能跑动。我一定会变胖的！既然变胖不可避免，那我不如放开手脚大吃一顿，于是那个晚上我彻底放纵了自己。只是第二天我又出现在健身房里，穿着一只靴子，拼命锻炼。我完全忘记了身体的疼痛，因为即便是一副残躯，我也是身体的主人，我的身体得听我的！

危险边缘

虽然你的生活与我的生活不会完全一样，但你也一定会经历一些事情。或者说当你的各种经历在内心积攒久了，然后突然爆发，重重地将你掀翻在地的时候，你才会觉醒，才会意识到你再也忍受不了维持人设的这份痛苦了。

我多希望人生不必如此。但是魅影女性对痛苦的忍耐力实在太强了。可能你的人生真的先得一地鸡毛之后，你才能最终发现自己真正的战场。为了抵达那个真正的战场，在此之前你身体所承受的痛苦都自有它的意义。这些痛苦就好比一根悬吊在你面前的胡萝卜，它们像诱饵一样引诱你前进，将你带入真正的战场。

你可以减肥一百次。可是当你的内心被羞愧腐蚀的时候，你再怎么减肥都无济于事，因为你永远也逃脱不了自己那一关。

饿肚子节食不会一直有用，关注身材赘肉这些小事也不会一直有用，就连努力锻炼健身也不会一直有用。

当减肥变成了一种症状的时候，魅影女性就到达了一个崩溃的临界点。我们减肥的意愿与日俱增，但是却不再付诸行动。每次暴饮暴食之后，我们的勇气也越来越少。我听过太多相同的故事，都是某一天某个女性的身体再也无法忍受，于是她愤怒地吼出一句"去你的减肥！"这些崩溃女性的故事听起来令人咋舌：有人在花光自己的所有钱后依靠父母的资助来维持生计；有人长达3年沉默不语；有人的皮肤出现了斑点，身体出现了疼痛；有人失去了至交好友，人生陷入一片昏暗，变得一无是处。

当我的身体开始罢工的时候，我明显感觉到它在止不住地颤抖。那时的我从垃圾堆里翻食物都是轻的，严重的时候，我甚至想在清醒的时候了结自己的生命。

而这一切，竟然无人察觉。没有任何人关心过我，对我说过任何话。我本不会停下减肥的脚步，但是好在最后我还是败给了这难以承受的痛苦。回首过往，呵，真可笑。

破坏

魅影女性对完美的追求是强烈的、危险的。当普通人因为无法承受而选择放弃的时候，我们对苦难的超强容忍力却推动着我们继续前进。我们需要有人来阻止我们，让我们停下脚步。

当我的身体不再对节食有所反应的时候，那个简单又深刻的唤醒信号来了。我开始变胖，以一种别人看不见的方式在变胖。这种胖只针对我。我的身体总是疼痛难忍，而且总是全身乏力，睡再多觉都无济于事。不仅如此，我的身体每隔几周就会出现不同种类的伤，我还常常感到燥热难安，食欲亢奋。那种饥饿感十分真实，真实到你能感受到它是实实在在发生在人身上的。那种感觉就好像在我的肚子里住着50只饥肠辘辘的雄狮，它们嘶吼着、咆哮着，急不可耐地想要大快朵颐，饱食一顿。然后我就开始大吃特吃，风卷残云般狂吃狂喝，一个人抵得上一整个村庄中所有饥饿难耐的孤儿。

我请了一整周的假去放纵自己。只要我确保自己周围没人，我就开始疯狂进食，每天摄入的热量将近一万卡路里。我一把接一把地往嘴巴里狂塞各种便宜的饼干，别说被噎着，就算嘴巴被划破我也毫不在意。吃完饼干，我又开始吃冰激凌，一勺接一勺地往嘴里送，一盒不够再来一盒，然后将吃完的包装盒一股脑儿扔进垃圾箱。我根本停不下来，吃多少都不觉得够，我需要更多的食物。

我再也不能忍受自我折磨了。我开始节食，但几个小时不到我就放弃了。每天早上6点，闹钟的声音像电钻一样穿过我的大脑，提醒我马上要去健身房开始身体上的煎熬，此刻的我精神饱满。然后我跑到健身房开始做仰卧起坐，结果没过多久便疲惫不堪。这种疲惫深入骨髓，我被彻底击垮，只能躺倒。

空虚，特别空虚。我盯着镜子里的自己，双眼空洞无物，没有任何生气。原来我也只是个普通人。一切光环都没有了。我下意识地抓起自己的手腕揪了一下，因为那一刻我真的不确定自己的身体是否还在，以及我是否还真实地活着。

也就是在那个时候，我意识到自己危险了。就连呼吸的时候我都能感受到自己骨头碎裂、肌肉撕扯、心脏破裂般的痛苦。可与此同时，我又感受不到任何东西。于是天平开始倾斜，一直以来对自己的克制再也不能抵消胡吃海喝所带来的沉重恶果，这感觉就好像我的天塌了。

只有当我们的身体开始回击，或者干脆崩溃的时候，我们才明白自己早已身处麻烦之中。的确，我们危险了，但这也不是一件坏事。因为我们已经抵达了边缘。

将痛苦投射到身体上就是在安装一颗定时炸弹，爆炸是迟早的事。但对魅影女性而言，这又是不得不做的事。因为我们对痛苦的忍耐力超乎常人，所以我们需要被强迫屈服才行，只有通过一场自然灾难才能将我们击倒在地，让我们彻底降服。

在动物世界里，当母狮感到自己大限将至时，它便会离开狮群，独自走向荒野，因为它知道，对狮群而言自己已经没有任何用处，只是累赘。它会独自离开，然后在无人知晓的地方默默死去。

你不会这样死去的，我也不允许你这样死去。现在跌落谷底的时刻就是你觉醒的契机。在忍受煎熬这么多年之后，这是你第一次有机会摘下面具，展现真实的自己。

与我一同打破自己吧

我知道你无法在其他地方打破自己的人设，因为在其他任何地方你都必须无比强大。但有我在，你大可放心。你可以毫无顾忌地倾诉自己所有的感受，它们没有对错，你也不必感到羞愧。就让痛苦像雨点般落在你身上，然后和我一起打破这虚假的人设。

多少次你不得不快速成长。多少次根本没有人看见你的努力。多少次你承担了别人完成不了的任务。还有多少次你因为天资过人，洞悉了别人无法看透的规律而给自己招来了负担。多少次你经历了高处不胜寒的孤独。多少次他们不知如何回应你的潜心奋斗，而只能对你摇头表示不解。多少次你因不知道该如何开口而错失温暖的拥抱。是不是觉得胸口被这天赋带来的压力压得喘不过气来？现在这一切都可以改变了，与我一起改变吧，从打破自己开始！

穿行在这些墓碑之间，你会发现每一座墓碑都代表着你遗弃人心的一天。每一座墓碑上都镌刻着你是如何因为追求完美而被压迫脊梁的。请感受脊柱在身体里碎裂的声音吧，碎掉的骨渣游走在你的五脏六腑之间，痛吧？所以，与我一同打破自己吧！

想想过去这些年来所有你无法忍受参加的活动，把它们都清晰地标记出来吧。这些年来，你的身体越来越瘦弱，逐渐淹没在宽大的衣服之中。紧身牛仔裤下的你更是被勒得喘不过气来。已经数不清有多少次，你将自己的身体折磨得痛苦不堪，在这场与身体的斗争之中，你屡战屡败。所以，与我一同打破自己吧！

数一数自己每一根清晰可见的肋骨，心里是不是觉得还远远不够，要更瘦摸到更多肋骨才好？捏一捏你身上的肥肉，感受脂肪过量的柔软，还有其中满满的羞耻感。在胡吃海喝中吃到晕厥过去，然后再吐个干干净净，排个彻彻底底。所以，与我一同打破自己吧！

永远没有够的时候啊，再饿也还是不够。纤瘦没有止境，残酷没有尽头，崇拜的声音也远远不足以让你摆脱泥足深陷的厄运。

这就是无人觉察到的痛苦，这就是痛苦、恐惧和苦苦挣扎，它们从未得到过支持、认可抑或坦诚相待。只有痛苦和我们，融合为一。我们之所以甘愿执着于痛苦，是因为苦难给了我们需要的东西。从"必须完美"的咒语失效的那一刻开始，痛苦便告诉我们，尽管外界也被我们虚假的光芒所愚弄蒙蔽，但其实一直都是我们在自欺欺人罢了，真是可笑至极！

像我们这样的女人，坚定地执着于感受一些事情，却也执着于不感受任何事情。这种观念植根于我们灵魂深处。所有的苦难都是我们咎由自取，魅影女性对此深信不疑。

苏醒

你既可以选择待在原地，深陷羞愧的泥沼，也可以选择走出去，走进荒野，躺下，昏昏睡去，盲目地希冀明天有所不同。或者你也可以选择相信这压抑的、令人窒息的空虚其实是一种信号，相信你所承受的痛苦也自有其目的，相信这一切都可以改变，只要你与我一同打破自己！

如果你还想要自由，那么我需要你苏醒过来，勇敢面对事实真相。因为一直以来你都走错了战场。你战斗得很卖命，战绩也很漂亮。可惜战场错了，一切努力不仅是徒劳，更像癌症一般反噬你的身体，吸髓食肉，令你尸骨无存。但是这场你与自己身体的战争其实仅仅是烟幕弹。因为它既容易上手，效果又立竿见影，可以说是上佳的误敌之策，它能轻松地将你引入歧途，从而让你错过自己真正应该做的事。

减肥遮盖了你更深层的痛苦。这副饥肠辘辘的破败残躯不过只是表象，它掩盖着一颗伤痕累累的心，一缕悲鸣声声的残魂。

你是愿意逃避现实，一觉醒来，又继续在错误的战场冲锋陷阵，血战厮杀，还是愿意改变观念，不再相信纤细瘦弱的身材就是唯一获取关爱的途径？一切由你自己决定！

不过，在回答这个问题之前，你有必要了解清楚减肥给你带来了什么？

第 3 章

我们为何与自己的
身体开战

※

　　心碎了，自然茶饭不思。这曾经是我最喜欢的减肥方式。心中早已被忧伤的思绪占满，哪里还吃得下饭？减起肥来自然而然毫不费力。

　　我想你已经猜到了我想说什么。我遇见他的时候是一个夜晚，那时我二十五六岁，我站在灯光昏暗的酒吧吧台前。我记得当时看见他的头发是金色的。第二天早上醒来的时候，我看向身旁的他，他灰白的发丝闪闪发光。我就这样呆呆地盯着他看了好几个小时。我内心有种声音：他真的与众不同。那一刻我仿佛发现了人生的意义，欢欣雀跃。

　　遇见人生所爱，我对此憧憬了整整一年。似乎在一夜之间，梦境成了现实。我暗下决心，我要减肥，以最完美的姿态赢得他的爱。只是我没想到，很快他就离开了我，以一种我从未感受过的方式让我遍体鳞伤。这种感觉就好比兔子被捕食者拧断脖子的那一刻，惊恐充斥双眼，然后咔嚓一声，一命呜呼。濒临死亡一定就是这种感受吧！

你可知道，我曾设想过与他在一起后的每一件事。那时的我早已不是一个只会憧憬浪漫婚礼的小女孩。我满心规划着我们的未来，可是他却玩弄了我。于是我开始放纵自己，看着自己沉沦堕落。

但是他离开了我，彻底远去。那时我想自己一定可以再让他看见我，重回我的身边。于是我开始减肥，是的，节食减肥。

总有线索显示我们的努力有了成效。我相信你也一定知道我在说什么。每个女人的身体都是独一无二的，因此我们减肥的方式和效果也各不相同。但我们总能确保人们看见了我们的努力，而且每次都成功了，无一例外。

我的瘦身效果可以说是从头到脚都明明白白的。最初是我的面部有了明显变化。节食后，我圆圆的肉脸立马就不见了，就好像巴西烤肉片一样，一刀下去，一片肉就掉下来了。就这样一片接一片，直到瘦到皮包骨。我站在浴室的镜子前，细细盯着镜子里的自己，下巴上的汗毛似乎因为减肥长得比平时快了些。当汗毛越长越多，我只好每天早上将它们剃掉，然后我才会束起头发去健身房。

经过锻炼，我的血管已经粗到你都可以沉溺其中了，就像是架在河床之上的蓝色大桥，粗大的血管穿行在手臂的皮肤之下，很是惊人。我的胸部平得如同一块木板。如果脱下衣服，我都能清晰地看到自己的肚脐。要知道通常情况下，肚脐都是隐藏在腹部的肥肉之中，而现在由于我太瘦，它竟然凸了出来，就像我7岁时那样。我不用为来月经而烦恼了，是的，我已经瘦到如同被榨干，连排卵都停止了。

健身的时候我总会照镜子，至少每个小时要照一次，只是为了追求更瘦。镜子就像一把测量我瘦身进度的标尺。即便肉眼看不出明显的变化，能感受到肚子里咕噜噜的轰鸣也让我心满意足。真棒！节食健身有效果了！尽管如此，健身真正见效还是花了我不少时间。脂肪消解得很慢，尤其是当我的身体已经很饿的时候，或者当我早已健身成习惯的时候。

过了几周人们才觉察到我瘦了，但终归他们觉察到了。他也是过了几周才发现我瘦了，但所幸他发现了。至少，这是我通过节食和健身来减肥的信念所在。但我想，就算不考虑这些，他也可能会爱上我吧，与苗条纤瘦毫不相干地爱上我。

瘦身让我的身体成了无形的广告，一开始还只是小范围的影响。随着我越来越瘦，影响力变得越来越大。人们开始注意我，观察我，看我如何减肥，如何获取力量，如何变得自信。总之，我开始得到众人的关注。

心碎总能成为刺激我减肥的动力，就好比压力对你而言也许非但不是坏事反而是生活的润滑剂，又或许你是那种根本就不需要任何刺激，光是内心深处的痛苦就能让你专心锻炼的人，你完全无心在意空荡荡的肚子，因为你的眼里只有成功后的奖励。

自己的辛苦努力能够被看见其实也是一种对伤口的抚慰，你的汗水没有白流，努力没被忽视，你的能力与才华也统统都被别人看在了眼里。只有你变瘦了，人们才会看见你的努力，这才是他们唯一能接受的方式。

是不是真的很神奇？让你潜藏心底的痛苦浮出水面，然后你就可以凭着这份痛苦支撑你的身体，不吃任何东西。尽管我们内心支离破碎，但是外表却变得前所未有地强大。可惜在他人看来，我们不过是一副饿得厉害的样子。他们关注的永远只有我们承受的饥饿。这也不怪他们，毕竟他们如此肤浅，他们中的有些人眼神混浊，思想狭隘，四肢懒惰，人生也自然而然庸庸碌碌。他们自然也理解不了现在的我们才是最佳状态，从未有过的最佳状态。只有在瘦身的时候，我才能成为大家关注的焦点，我们的努力才会被看见，我们才能赢得赞许和掌声。

他们终于看到了你，他们也终于看到了我。他们又回到了我们身边。把痛苦当作支撑自己的信念，拼命减肥瘦身让自己被看见，这是真的有效，而且屡试不爽！

拼命减肥让自己被看见

对魅影女性而言，身体犹如一张画布，我们可以在这张画布上将潜藏心底的苦楚尽数呈现。为了获取别人的关注，我们不得不选择瘦身。只有通过减肥的成效，我们才能被世人所留意。这个想法听起来似乎很荒诞，但现实就是如此，我们越瘦，我们所占据的领地就越大，我们获取的关注就越多，我们就越能感觉自己真实的存在。

人前闪耀这么多年，我们已经深知如何隐藏自己痛苦挣扎的一面。将自己的缺陷展露出来很体现胆量与魄力，可世人会做何反应呢？这才是魅影女性深感恐惧的地方。示弱也并不是呈现出一种顺从的姿态，而是表明我们也可以向外界寻求帮助。可这却与一贯要强的自我背道而驰，悲伤的自我嘶吼着无法接受这样的背叛。要抵御这样的自我，我们就需要不断得到安抚和鼓励，只有这样，我们才能相信自己是优秀的，不，不只是优秀，我们是最好的。这种压力必须以某种方式释放出来，于是我们开始化痛苦为力量，拼命减肥。

通过减肥瘦身来获取关注的做法，可能看起来有点反直觉。不过想想我们身处什么时代，是不是就觉得合理了？在这个时代的西方，一个女性苗条纤瘦是美，凹凸有致是美，膀大腰圆、身材臃肿就是丑陋，且罪不可恕。苗条纤瘦的身材就是一切，如同老话所言："一白遮百丑，一瘦全都有。"因此，你能做的只有高度自律，努力减肥。

魅影女性并不愚蠢，我们知道众人的眼光在哪里，明白大众的审美在哪里。与我们的身体开战不过是以一种最有效的方式将我们的努力变得肉眼可见。更重要的是，通过这种方式展现自己非但不会让自己变弱，还会让自己显得更加强大、勇敢、出众。

通常情况下，我们并不会把自己饿到体力不支。即便身材最纤瘦的时候，我也不会显得骨瘦如柴，气息奄奄。我对瘦的程度把控得刚刚好，不会让自己看起来孱弱无力，而是瘦得恰到好处，刚好让所有人都能觉察到我的努力、发现我的变化。瘦下来后，你都可以在我的腹部清楚地看到血管的走势。看到薄如纸片的皮肤下凸起的血管，我总有种去按压它们的冲动，每次按压这些粗大的血管总能给我一种莫名的快感。

纤瘦的躯体让魅影女性变得越发强大。我们不仅身材有致，积极上进，而且目标明确。我们本就天赋过人，现在又添上了自律这一优点。我们在其他方面的成就或许总被视为天赋使然，但身材上有目共睹的变化让我们的努力得到了真正意义上的认可。这种感觉特别难得，尤为珍贵。为什么我们要错失它呢？

面色蜡黄

我与我的兄弟姐妹长得完全不同，差别之大有如晴雨。我的兄弟姐妹继承了母亲的优良基因，长得惹人怜爱；他们天庭饱满，肤色红润，连头发都比我的更柔润顺滑，脸上也总是挂着让人好感顿生的笑容。而我却身材瘦小，皮肤暗沉，完美继承了父亲蜡黄的肤色。我的眼窝深陷，显得没有神采。不仅是外表，我在其他方面也与众不同。我每天早上不用闹钟就可以在6点零9分准时起床，洗澡的时间也可以精准到7分钟，作业可以提前完成，喜欢用茶匙吃早餐而且吃得很少，此外我还养成了看新闻的习惯。每次我的母亲拉扯我的兄弟姐妹起床的时候，我在一个小时前就早已起床下楼，洗漱梳妆完毕，坐在餐桌前准备好吃早餐了。很久之后他们才极不情愿地走下楼来，睡眼惺忪，嘟嘟囔囔，口都没漱就一勺一勺往嘴里塞麦片粥。可以说我就是他们之中的害群之马，我很不合群。如果其他人都朝北，那么我就偏偏选择朝南。

我对瘦身节食的痴迷很早就开始了。我本来就很挑食，还是婴儿的时候，我就对自己的奶瓶不感兴趣。长大一点后，我中餐就吃半个黄油面包卷和一盒黑栗醋果汁。说实话，我都记不清自己是从什么时候开始减肥瘦身的，我只记得自己在很小的时候就多次听过"减肥"这两个字。只是没想到，很快减肥就绑架了我的生活。7岁时，我就开始关注自己的体重。家里的浴室里有一台体重秤，秤上铺着绿色的毯子，我时常站在上面仔细地数着秤面的数字，聚精会神，生怕错过任何一个数值的变化。很快，我就开始站在镜子前练习收腹了。

吃东西的时候，我喜欢剩一些，于是我总是听见母亲跟她的朋友抱怨我的胃口不好。为了更好地控制自己的饮食，某个夏天我突然心血来潮，假装自己对巧克力过敏。一看见巧克力，我就故意不停打喷嚏。在接下来将近10年的时间里，我就真的再也没吃过巧克力了。为了少吃点，我开始自己准备午餐，一小杯农家乳酪，6个圆形饺子，连酱汁也不加。

我还记得自己第一次胡吃海喝的场景。那时"保持完美"尚未成为我的常态。我记得有一天晚上，我父母难得有事外出，我一个人在家吃了两千克冰激凌。冰激凌的香甜一时间直冲大脑，我感受到了前所未有的舒爽愉悦。虽然明知这种不管不顾的饮食方式是不对的，但大快朵颐的感觉真好啊！偷偷地做坏事，心里却是愉悦的。

于是偷吃成了我痴迷的游戏，这给我带来了无限乐趣。但我也知道，要想持续拥有这种乐趣，我就不得不加倍努力锻炼，只有这样我才能保持苗条的身材。

只不过，对那只在我体内狰狞咆哮的怪兽而言，一次吃掉两千克的冰激凌算不得什么。这些年来，我胡吃海喝的场面越发壮观。我变得越来越饿，报复性暴饮暴食的频率越来越高，我也变得越来越胖。都说物极必反，越瘦越饿，越饿越吃，越吃越胖，如此反复，令我抓狂。

无形的战争

无论是节制饮食直到粒米不进，还是暴饮暴食直到恶心反胃，这其实都是不合理的做法。可惜世上总有很多女人，即便聪慧机敏，事业有成，也难以完全摆脱这二者的束缚，至少深陷其一。此外，在人生的不同阶段，我们的追求也有所不同，有时我们可能更想要纤瘦苗条的身材，有时却又更渴望满足口腹之欲所带来的快感。

其实我们的苦难并不只是缘于体重本身，更多的是减肥这件事在折磨我们。从15岁到28岁，我的身体在这段时间里几乎没有多大变化，除了20岁出头的时候我有过几个月骨瘦如柴的日子，大学毕业后的一年我变胖了一些。之后的几年，我开始节食，积极健身和锻炼，那几年我的身材纤瘦，肌肉明显。自此以后，日复一日，年复一年，我坚持节食和健身已有10年。一次又一次，我饿到几乎两眼昏黑，然后又开始不管不顾，拿起手边任何可以吃的东西胡吃海喝。身体被塞得满满当当之后，大脑也停下了思考，我呆呆地等待睡意来临，最后沉沉睡去。

对这个世界而言，似乎一切都没有变化。我将自己的身体藏在宽大的衣服中，以此来掩盖真相。可在内心深处，我一直在饿得发昏与撑得想吐之间穿梭不止。随着体重的增减，我在"丑陋如怪兽"和"完美如天使"之间来回切换。

这种感觉就好像我在水下挣扎呼救，迫切希望有人能够察觉到我身处危难之中。可同时，我却并不想有人前来施救。

修剪

在这场与身体进行的没有硝烟的对战中，为了赢，我可以说是不择手段，哪怕最终只是徒劳一场。

在我11岁的时候，我经常被误认为是男孩子。我实在厌恶这种感觉，因此我开始蓄长发。几年的时间里，我都把头发梳得整整齐齐，或扎成发辫或盘成发髻，每根发丝都被安排得明明白白、妥妥帖帖。

后来有段时间，我对头发的态度又截然不同，我选择让它们野蛮生长。于是头发很快变得又长又乱，时而汗津津地粘在后背，蜿蜒蛇行，时而乱糟糟地披散开来，一片凌乱。我一直不愿意化妆，因为总觉得素颜更自在。现在我的头发也获得了自由。

长发还是有很多好处的。至少当我的脸变胖的时候，我可以用两边的头发来遮挡，就像窗帘虚掩着半闭的窗户。

在我二十五六岁的一个秋天，我发现了减肥的另一种便捷途径——极简主义。于是我扔掉了自己所有的衣物，还有一大堆东西。我把衣柜里的东西大肆精简，只留下了10件外套，两条牛仔裤，以及足够我每天外出健身时穿的黑色紧身裤。

这种极简主义的感觉棒极了，我拥有了前所未有的体验。我再也不需要任何乱七八糟的东西了。

那时我已经非常瘦了。我甚至都记得，那时我认为自己看起来状态很好。但是，体重秤上一成不变的数字仍旧让我忧心。我一心想要重新拥有少女时期的那种轻盈曼妙的身材，而且在我的努力下，我已经非常接近了。多年浸泡在健身房，我的体重虽然下来了，但我的身量始终矮小，全身还布满肌肉，一点没有少女的轻巧灵动之美。我呆呆地盯着镜中的自己，看着过度训练留下的后果出神。

到了该理理我的头发的时候了。理发还有个作用。由于我的脸没了头发的遮挡，我就不得不始终保持纤瘦。这也算是一种鞭策吧。第二天我就跑到了理发店。"全剪掉，然后染黑。"我像一个勇猛的女战士一样坐在理发店的座位上，艰难地做了最后的决定。

"你确定？"理发师一脸惊愕地望着我。

"我很确定。"

当头发簌簌掉落的时候，我异常冷静。舍弃了多余的束缚，身体终于可以变得轻盈了。回到家后，我立马揽镜自顾，干练的黑色短发下，苍白的头皮清晰可见。这看起来完全不像我自己了：我一脸病态，像极了《哈利·波特》里面的斯内普。不过我喜欢。我还特意拍照在社交媒体上发了条状态："告别多余的长发。"

可第二天当我站在体重秤上时，我的体重竟然增加了！我想死的心都有了，真的糟心透了！

痛苦转移——从精神到肉体

说起来，我们与身体开战的原因既复杂又简单：魅影女性一生所求不过是"昭于世人"。魅影女性渴望得到"认可"。当我们的人生被先入为主地打上了"轻松"的标签时，努力瘦身以保持苗条便成了我们获得认可与支持的方式。在那些旁观者的眼中，我们的成功完全就是上天赋予的，与我们自身毫无干系。他们把我们的天赋视为苦难的解药。因为有了这些天赋，即便苦难的暴风雨来临，普通人身陷水深火热之时，我们依然能够毫发无损。于是，他们选择了袖手旁观，认为我们不需要任何努力就可以得到一切。但是，他们根本看不见我们的内心是如何一步一步走向衰竭的。

减肥成了魅影女性将内心痛苦呈现出来的唯一安全的方式，因为只有这样，我们才能不弱反强。通过控制我们的身体，我们终于赢得了众人的认可，要不是如此，他们肯定懒得多说一句。

我都记不清有多少次自己瘫倒在健身房的地板上偷偷哭泣，周围全是我洒落的汗水、唾液甚至鲜血。我褪去上衣，仅仅穿着紧身短裤，清晰可见的腹肌像被敲击的鼓面一样起起伏伏。每次练到痛苦不堪而瘫倒在地，我都有一种夙愿得偿的感觉。当我双手用力一拍，抓起杠铃，肩膀一抖，向上奋力一举，耳边顿时响起友善又热烈的喝彩，一切都在告诉我，我做得有多棒！这动人的喝彩彻底打动了我，我甚至都有点嫉妒我自己了。有时健完身，我站起来都踉踉跄跄，险些要摔倒，好在总有人及时走过来，让我能倚靠在他身上，面对这样难得的向人求助的良机，我又怎会错过呢？倚靠在他们身上的感觉真是棒极了！将内心的苦楚通过这些合适的方式呈现出来让我有了前所未有的感受，我从没如此真切地感觉到自己像个正常人，被人关爱、受人关注。

尽管我天赋异禀，可我长得并不美。我并不是那种让大家犯花痴的人。但在我20来岁的时候，我也曾因为自己的身材在大街上被人搭讪过。女人们喜欢我平坦的腹部和翘臀，健身男们也对我的纤瘦身材连连称赞，因为他们都知道一个女人要练成这个样子有多难。

而在我生活中的其他领域，我都是保持沉默。大家都知道我每天健身两次。我的办公室厨房里还常备食物秤，连沙拉我都要先称一称，鸡肉也只吃5小块。下午散步的时候，我还随身携带计量杯，以确保我买的黑咖啡里刚好只有90卡路里的奶油。我每次健身的时间是两个小时，然后这中间还有5公里的骑车通勤。至于晚餐，我就只吃一根能量棒。

筋疲力尽可以说是我的常态。我的衣服也永远只有黑色紧身款。与我的其他任何事都不同，我一定要让大家都知晓我在减肥这件事。我自己苦苦挣扎这么多年，从来都是无人问津，可如今人们却开始关切地问我健身是不是太苦、太累、太难坚持。问得多了，我就真的以为健身减肥的日子实在太糟心了。

得到别人的认可，就好似干渴多日的人终遇水源般畅快。每次得到别人的认可，我都兴奋得两眼放光，心脏扑通直跳，我太想得到那声赞许了！没错，做"我"实在太难了！

我一边受尽苦楚，一边还要努力健身，用一种引人注目的、高贵优雅的方式瘦身减肥。

通过节食、健身让身体充满动力，以此来稍稍彰显我们人性的一面，这是魅影女性可以接受的方式。当我们通过身体来呈现内心的痛苦时，在那些缺乏敬畏之心的人眼中，我们变得越发充满吸引力。我们像独角兽一般，独树一帜。

最后，他们看见了他们该看见的东西，我们也得到了我们想得到的东西。遇到有人问："你们还好吗？""你们是怎么办到的？"如果我们回答"我们很好"，那么他们便会认可我们的努力，承认我们的完美。

尾随

当你自己是魅影女性时，你会发现身边到处都是同类，她们明显得就像是犯罪现场的红外线。夜晚亮着灯的办公室中，尘土扬起的跑道上，百货店里的特定通道里，处处都是魅影女性的身影。你一眼就能认出她们，因为只有她们才会在商店里拿起食物认真看包装后的标签，生怕食物热量过高。在周末的餐厅里，贪婪地吞咽着汉堡、通心粉和奶酪的也是她们。一边安慰自己"这是我用汗水辛苦换来的"，一边每咬一口内心都充斥着羞愧与恐惧，她们清楚，明天又要回到"食不果腹"的日子了。

每次遇见同类，我都会尾随她们，我会在健身房的更衣室通过镜子偷偷瞥一眼她们半裸的身体。我们会一边互相称赞对方的努力，一边在心里暗暗诅咒对方早死。要是她们抢了我的风头，我顿时就会盛怒难抑。只要她们一走出健身房，我立马就对她们指指点点。你看，我变得多么无情。

这就是我们迫切渴望得到别人认可的样子！当我们为了自己的"人前闪耀"而费尽心思拼命努力时，其他的魅影女性却对打在我们身上的聚光灯恨得牙痒痒。别人的成功只会刺激我们更加卖命地减肥。

从麻木到幸存

除了认可，魅影女性也渴望麻木，这种方式可以让我们免受痛苦。完美人设已经将我们彻底裹挟，让我们寸步难行，连呼吸都变得艰难。维持人设的过程是痛苦的，可一旦被揭发是表里不一的赝品，那种痛苦更是令人恐惧，是我们万万不能承受的，哪怕一秒也承受不来。

一天只有24个小时，而保持完美就要占据所有的时间，这简直就是活生生地吞噬时间。我们内心所承受的压力就好比地心深处剧烈涌动的岩浆，随时可能喷涌而出。

内心已经独力难支，痛苦必须寻求宣泄。对魅影女性而言，我们主要通过两种渠道来应对内心的痛苦。其一，我们将痛苦化为食欲，胡吃海喝直到自己胀得动弹不得。其二，我们将痛苦转移到自己的身体上，采用锻炼的方式来化解它。很多魅影女性都是同时选择这两种方式，于是她们经常在几天暴饮暴食后又在数周里严格控制饮食，这种情况循环往复，让人难以自拔。

谈恋爱时，我对食物摄入的控制是最不严格的，因此在那个时候，我的身体远没有现在强健。在餐厅约会很有趣，而且饭后还常有冰激凌供应，它真是美味极了。有一次约会完，我独自回到家中，内心突然感到无比恐慌，因为我发觉自己摄入太多甜食了。更过分的是，周日的晚上又是畅享美食的时刻。好吧，既然已经是破罐子了，那为什么不干脆破罐子破摔？可一想到第二天的情景，我就害怕得要晕过去，因为等待我的又将是一个汗水涔涔、饥肠辘辘的周一。

谈恋爱时，我总是贪嘴，那么心碎的时候我会怎样呢？当爱情和幸福都不在了，我还吃得下吗？我失恋的时候可以连续数周以绝望为食，茶饭不思。这样做的瘦身效果极为显著，更重要的是我很早就掌握了这招的奥义。

老鼠

我的初恋男友有着宽阔的肩膀，头发带着一点姜黄色，笑起来憨憨的，很是可爱。

前年的时候他差点死于脑脊髓膜炎。医生给他做了肿瘤切除手术。那块几乎要了他命的肿瘤足足有橘子般大小。手术在他脖子的一侧留下了一块巨大的疤。每当我触摸到这块伤疤时，我都觉得这是他的勇士勋章。

在这之前，我从没有过这种感受。我愿意花20分钟的时间字斟句酌，只为给他发出一则最完美的短信。我就像写诗一样编辑短信，只为让短信的内容听起来深刻隽永。那6个月对我来说是完美的时光。可惜后来他突然与我分道扬镳。

我还清晰地记得那天的情形，分手的话就像砖块般重重击中了我的心脏，疼得我直不起身来，我只能无力地倚靠在学校健身房外走廊的墙上。而他只是默默地站在我的对面，眼皮低垂。

健身房是我战斗的赛场，在这里我总是能赢。可今天的我，却是个彻彻底底的失败者。

我其实早就知道她的存在。我和男朋友第一次见面的时候，他就告诉我她是他最好的朋友。没过几周，他们就开始偷偷约会了。她比我高一届，长着一张老鼠一样的脸，上面布满斑点，身上还起了皮，一点也不水灵，连声音听着也是怯怯的，活脱脱一只丑兔子。

可即便如此，他还是选择了她。对我来说，这种滋味也是以前从未经历过的。

我感觉自己仿佛赤身裸体，示众人前。惨遭抛弃，遍体鳞伤，一夕之间我的爱情不仅让我变成了输家，还让我沦为了大众的笑柄。我心中苦楚，却有苦难言。

一谈起这件事我就禁不住哽咽，甚至连一个词都提起不得。我开始声嘶力竭地尖叫，这是我唯一知道的宣泄方式了。我开始茶饭不思，拒绝饮食。绝食的策略取得了立竿见影的效果。呐喊也变成了无声的模式。没过多久，我就将他忘得差不多了。

后来，我遇见了自己的真爱。他的头发已经灰白，丝丝缕缕写满了沧桑。我们之间岁数相差很大，代沟是我们无法逾越的障碍，于是这么多年我都是默默忍受内心的痛苦。可即便这样，他也还是离我而去了。

他离开的时候，我照旧茶饭不思。回头想想，这段感情给我带来的伤痛其实和快乐一样多。我对感情过于依恋，苦苦纠缠最后得来的不过是痛苦。可我还是忘不了这段感情。这次，没有第三者。

茶饭不思确实是效果显著的减肥方式。我如此忧思郁结，不思饮食，大概是因为他真的爱过我吧。其实，爱或不爱，我都不在意。我只知道他最后又回来了，回到了我身边。那一定是因为爱。是爱将我从最差的状态里拉出来，让我变成最美好的样子。

义务

魅影女性有时特别渴望有所感受，有时又希望自己彻底麻木无情。而此时，身体就成了二者兼得的最佳工具。随着时间的流逝，我们一心追求的"存在感"和"麻木状态"变得越发极端。在我18岁的时候，我每天都要跑一个小时。大学的时候，我加入了表演系的曲棍球队。等到毕业的时候，每天4个小时的跑步就成了我的常态。27岁的时候，我的身体状态达到了巅峰，不管白天黑夜我都在健身房疯狂锻炼。我跑起步来也好像在拼命，感觉再快一点身体就要承受不住呕吐起来。我宁愿手掌磨出血来，然后躺在地上泣不成声，也要坚持在双杠上翻腾跳跃。我甚至还雇了一个在线教练来监督我，连口香糖都不吃，因为里面也含有热量。为了减肥，我可以说是不择手段。只有到了晚上，我才终于可以躺下，享受几个小时不用健身的甜美时光。

健身是魅影女性用来麻痹自己的方式。因为它最直接有效，最不需要投入情感，正合我们心意。我们希望一切都在自己的掌控之中。那么健身这种方式就是最合理、最经得起考验的。只是当我们一味在乎健身的效果时，我们也在无形中牺牲了身体的流畅感与协调性。

容易变得极端可以说是所有人的通病。我们每个人天生都有一种"引力"——一种获得他人帮助的能力。同时我们也天生都有一种"推力"——我们单凭自己就可以把事情做得井井有条。魅影女性生活的社会是建立在力量的基础之上的。我们健身也是因为自己身处一个更大的生态系统，在这个系统中，胖是一种耻辱，而瘦则可以享受优待。我们之所以能得到自己想要的东西，是因为我们疯狂健身。因为我们打从出生起就被认为有天赋加持，除了自我拯救是不会有人对我们施以援手的。信任是一种责任，如果我们不去尝试，就永远也不会知道如何获取他人的支持。可我们终归还是没有尝试，因为我们骨子里的懒惰。多么可悲！

在魅影女性眼中，信任并不可爱，反倒是危险区域。魅影女性很早就放弃了自身的"引力"，而仅仅学会了"推力"，我们连在这二者之间寻求平衡的表面功夫都懒得做。可因为害怕失败，我们身上的"推力"也显得软绵无力，因此我们又落入了一种扭曲之中。我们让自己看起来又黑又糙，还冷酷无情，只关注体重秤上的数字，还满腹牢骚。

极限

魅影女性数年如一日地拼命健身，弄出一副我们想要置自己的身体于死地的样子，就是为了将来有一天能够过上值得一活的人生。可是随着时间的流逝，我们的身体反倒变成了一面显示我们情绪崩溃的镜子。这场身体之战最终沦为一种罪过——我们与自己的身体过不去。

我已经有十年没有来过月经了。由于过度训练，雄性激素飙升，我的面部、下巴和嘴唇上都长出了绒毛。在两年的时间里，我的脸和腰都受过伤，膝盖甚至发生过严重损伤。我像个着了魔的狂徒一样迅速处理所有伤痛，然后继续锻炼，因为我实在害怕，如果不减肥，那么自己还能怎样去感受到真实。

向身体开战其实就是想感受到真实，感受到自己真真正正地像个人一样存在着。可令人感到郁闷的是，我们最后还是受限于自己的身体。一旦达到了目标体重，我们就会设定下一个目标。可问题是，我们的脂肪是有限的，而减肥却又是极耗能量的，于是我们很快就会触碰身体的极限。我们总是告诉自己，如果减到某个特定的数值，那么我们就一定会幸福了，可这样的谎言变得越来越难以让人信服。我们的每个细胞都开始隐隐作痛了。

除去我们骨头上多余的肉已经变得越来越难。过去很轻松就减掉的肉，如今却像胶水一样牢牢地附着在骨头上。我们的身体一方面被感情弄得遍体鳞伤，另一方面又因为我们的减肥而深陷极限生存模式。如今它们早已不堪重负，正在苦苦哀求我们恢复理智。你听，肚子发出的"咕咕"声已不再是柔声低吟，而是身体在高声抗议。

刚吃完饭的片刻，我总是感觉十分恐慌。一盘抱子甘蓝与火鸡肉根本无法满足我的胃。我直直地盯着时钟，计算着还有整整3个小时才能吃上沾了蛋白粉的米饼。

减肥给了我们目标和希望。但同时节制所带来的心理压力也是巨大的，令人备感心累。与饥饿的持久战需要非人的力量。我们的身体是有极限的，它们到了某个点就再也无法继续承受这种非人的虐待了。身上再没有更多的地方可以供我们折腾了。"完美人设"带来的压力太大了，我们现在怎么办呢？

第 4 章

我们的本体就是
一张谎言织就的网

※

　　在我小时候，我的父母没办法来接我放学，于是我的外祖父承担了这份任务。他站在校门口，就像渐渐衰败的丛林中一棵沙沙作响的古树。他的眼神明亮，笑容温暖，脸上爬满的皱纹都来自岁月的洗礼。他的皮肤像干枯的树皮，皮下凸起的血管清晰可见，血液缓缓流动其中，支撑着这年迈的躯体。

　　铃声响起，他就会四下张望，迅速找到我。而我则会静静地站在他的身后，那时我只有5岁，还够不着他的膝盖。我留着黑色短发，脸上的表情不太友好。我都怀疑那时自己有没有跟他打招呼。

　　外祖父很爱我，当然我也爱他。我知道他想要牵我的手，但我不愿意。我不想跟别人牵手，更别说他那双布满皱纹的糙手。他会站在那儿，低头看向我，深深叹出一口气，很是挫败的样子。

"不听话的玛丽。"

然后他会将手搭在我的后脖上，小心地陪着我穿过车水马龙的街道。我感觉他就像是在遛狗。

对外祖父来说，我就像谜一样，有着各种弯弯绕绕的心思，让人猜不透。当我的兄弟姐妹在大家面前笑得灿若桃花的时候，我却一个人幽幽地躲在角落里。

在他眼里，我总是另类，与众不同。他的确爱我，却也完全不懂我。毕竟是先有了哥哥姐姐，然后才有了我。

类似"不听话的玛丽"这样的评价，也并没有让我多难过。在很长一段时间里，我甚至还觉得这个评价挺有趣的。但是几年过后，故事就慢慢改变了走向。在接下来的几十年里，我不止一次地听见这样的评价从不同的人嘴里冒出来，包括我的父母和姐姐。

他们口中的"不听话的玛丽"或许是为了让别人理解我的行为吧，又或许是为了将我牢牢地掌控在他们手中。

说起我的时候，姐姐的白眼早就翻上了天。既然他们认为我不听话，那么我就能找到一万种理由来佐证这个评价。

20年过去了。外祖父过世了，他没能迈过百岁的坎。因为我那时正在节食，所以我错过了外祖父的葬礼。虽然我爱我的外祖父，但我需要在7月份就瘦下来。

他的过世实在是太不凑巧了。这是什么人才会做出的事情啊?! 恐怕只有我，"不听话的玛丽"了吧。

身份网

身份其实是没用的安慰剂，是我们为完全无法理解的事物设计结构时采用的不完美的方式。这是一种难以捉摸、杂乱无章且变化无常的人类心灵魔法。我们很难找到精准的词语来描述人类。即便我们尽力为之，也总是不可避免地夹杂着个人经验主义所带来的偏见。我们将遇见的每个人都置身于与之相关的碎片信息和各种故事线之中，然后将其封装打包，贴上标签"这就是你"。作为小孩子，我们的身份是由围绕我们展开的一个个故事构成的，早在我们懂得唱反调之前，我们的身份就已经形成了。因此，早在童年时期，魅影女性的人生就被套上了枷锁。

我们是被蜘蛛们（父母们）抚养长大的、我们是靠吃面包皮和黄油长大的，在这个过程中，有许许多多围绕我们展开的故事。在这些故事里有我们的家人，有我们自己选定的家人，甚至还有完美的陌生人。这一个一个故事串联在一起，造就了我们的身份。当我转过自己的小脸，拒绝吸奶器的时候，"她不吃东西"就是我的身份信息；当8个月大的我跟跟跄跄穿过厨房地板，我的母亲大为惊讶，因为我的哥哥在15个月大时才学会走路，那时"她学得真快"就是我的身份信息；当我的外祖母小声念叨"不听话的玛丽"时，"她真是又黑又执拗"就是我的身份信息。

身份并不仅仅是别人对你的描述，它也出现在你亲眼看到的场景里。我看见过人们看我的眼神，也听到过他们如何讨论我。每次我取得成功，我都能感受到班上女生满满的嫉妒。当我毫无压力地背下一首关于恐龙的16页长诗时，老师的眼睛逐渐瞪得老大，在那一刻我也能感受到，老师面对我这样另类的学生时内心的讶异和恐慌。

真是个好姑娘！冰雪聪明！堪称完美！身材真好！……我就是在这样一片赞许声中渐渐长大的。而我不断获得的成就也进一步证实了这些赞许。诗歌、音乐、体育运动，我无所不精。每次集体合影，我都是手捧奖杯端端正正地坐在前排中央的那一个。即便在托儿所的演出《三只小猪》中，主角的位置也总是非我莫属。

他们全都对我夸个不停，于是一切都感觉那么真实，完美这个概念彻底融入了我的血液。

我开始在写作业的时候故意把字写得很小，这样一来，就只有那些真正认真看的人才看得到我写了什么。当母亲因为我的哥哥欺负我而大声斥责他时，我就故意安安静静地端坐在车后座，表现得极为乖巧。我就是这样一个人，不仅天资出众，行为举止上也堪称完美，连口误我都小心规避。我感觉自己甚是与众不同。可惜完美并不是一种身份，而是一种死亡诅咒。要是有人提前跟我说过这个故事就好了。

当我们听见或看见那些别人告诉我们的真相时，我们的身份就形成了。你的故事或许与我们的故事有所不同，但有一件事是一致的，那就是所有完美的小孩最后都消失不见了。

在定义"我们是谁"这件事情上，我们其实并没有话语权。早在我们学会说话之前，围绕我们开展的故事就已经开始了。起网的第一根钩针就这样深深扎进我们的灵魂。然后网上又增加了第二根故事线，第三根……日复一日，各种故事线交织在一起。于是我们的身份变得越来越清晰明确。这张网越织越大，最终将我们完全包裹其中，于是有一天，我们就有了自己的身份，成了我们不得不成为的那个女人，无论背后的成本是什么。

小岛

父母就像蜘蛛一样围绕着我们织网。每次有人在父母面前夸赞我优秀时，他们都会感到不好意思。因为他们并没有教我太多东西，恰巧我又是一个难以捉摸、难以对付的小孩。当所有人都向左时，我却偏偏要向右。想要我爱我自己都不是一件容易的事情。那些使我闪闪发光的点同时也令人对我心生畏惧，他们会觉得我很难相处。

艾奥纳是一座美丽小岛的名字，位于苏格兰西海岸。我的外祖父母曾认为父母搬去艾奥纳岛住是个荒唐的选择。可是他们错了，艾奥纳岛是最适合魅影女性成长的地方。整个岛就像一个薄薄的蜘蛛网，它的名字艾奥纳也让人一听就忘不了，虽然经常被念错，但这个名字备受大家喜爱。"这真是一个美丽的名字。"我经常听见人们这样感叹，尤其是当我刚搬去美国跟别人介绍自己的时候。人们在感叹之后立马就会问："这名字有什么来由吗？"

我爱这座岛，打从我出生那天起就爱上了这座小岛，它十分特别。身处异乡，我常常会想起它却很少有机会重游故地。我很少回去，并非因为那里的人们不喜欢我，那些说我完美的人也没有谁是不怀好意的。但尽管如此，把我夸得完美无缺着实让我有点轻飘飘了。现在我离开了故乡，这对我和那里的人来说都是一件好事，距离产生美，彼此都觉得舒适。我的父母曾打算探索这个小岛，可或许是因为早先把岛上的地图弄丢了，又或者压根就没有什么地图，他们的想法最后也没能实现。

每一个魅影女性都是一座孤岛。完美小孩的童年经历也与普通小孩完全不同。我们一直站在聚光灯下，强大的光照晃得我们睁不开眼睛。我们在舞台上安静地敲着悲剧的鼓点。我们是得到了大家的关注，也的确得到了荣耀，但是这种体验实在太过孤独，因为没人懂得如何与我们分享快乐，我们也不知道该如何牵起并握紧别人的手。

他们就这样看着我们，静静地倾听，却没有真正理解我们。我们年纪轻轻就急不可耐地绽放光芒，关键还显示出毫不费力的样子，这让那些关心我们的人离我们越来越远。无论我们身处何处，我们总是人群中的焦点，身材娇小但却拥有点石成金般的魔力。

人们认为我们并不需要他们，也不喜欢他们，因此他们开始编造故事来限制我们，来减少我们的锋芒。这些故事主要用于集中攻击我们的天赋与才能，而我们的自立又恰好将这个攻击目标放大了。

然后，各种与我们相关的故事就出现了，而且他们还各种添油加醋，让故事变得愈加复杂。表面上：她真是个好姑娘！冰雪聪明！堪称完美！身材真好！暗地里：离她远点。于是我们被迫远离了人群，从此孤身一人。这些夸奖就像勒住我们脖子的丝巾，虽然很美，却也致命。

不再被爱

如果一个完美小孩突然发现自己其实并不完美，那会怎么样呢？我永远也忘不了小时候练习写字时被当众羞辱的场景，我写错了字，正要擦掉却弄破了纸，老师一斥责我，我就忍不住哭了起来；我永远也忘不了体操老师咂着嘴，失望地说"她根本劈不了叉"时自己失落的神情；我永远也忘不了在一个投掷比赛中自己只得了第二名时内心的不甘；我永远也忘不了在一家礼品店因为不小心打碎了一个小摆件，而被羞愧难当的母亲赶出店去时自己的窘迫和难堪。

完美小孩从来就没学过如何应对出错的情况。这些场景着实在我们幼小的心灵留下了伤痕。在我们看来，这应该就意味着我们不再被爱了吧。这种感觉就好比一颗子弹直接击穿了我们的心脏，瞬间要了我们的性命。可当我们第一次面临这样的困境时，我们的身份并没有挺身而出，像超人一样保护我们的人性。在这些编织成我们身份的故事里，也没有我们的容身之所，它们无法容纳我们并不完美的事实。

相反，这些关于身份的故事紧紧束缚了我们，扼住了我们的喉咙，捂住了我们的嘴巴，任凭我们如何挣扎也不停手。而外人却丝毫不会察觉这一切，因为我们出众的能力早已让我们与这个世界变得疏远。观众们只会默默坐在台下，为我们的表演鼓掌喝彩。当我们面临自己的极限时，我们要么承认自己不完美，要么咬紧牙关迎难而上。随着我们渐渐长大，一路走来一直坚信自己就是要完美、就是要与众不同的时候，我们就会发现，除了完美自己根本别无选择。

一个故事重复得多了就会变成真的。在我们选择完美的时候，故事的脉络就已经与我们的人生交织融合在一起了。我们做出了自己的选择，于是开始演绎为我们量身定制的身份。尽管内心苦楚阴郁，但从外表上看，我们的眼神却依然显得明亮坚毅。面具下的人生会让你觉得，只要待得久了，阴暗的角落都开始给人以家的错觉。我们开始放弃挣扎，跟随这种身份的引导，开始编织我们的故事。

投影

我们一直认为呼吸就是为了活着，我们也的确是这么做的。可是最拼命吸取氧气的却不是我们的躯体，而是那份存在于我们的身份故事中的"荣耀"。那些裹挟着我们灵魂的故事就像嗷嗷待哺的小孩，急需成长的养料。

完美小孩很明白他人是如何看自己的，这种期待的压力驱使着我们前进。当我们的父母、老师，或者我们重视的任何人认为我们是第二个爱因斯坦的时候，我们又怎敢承认自己不行呢？我听过无数遍别人评价我与众不同了。"她简直就是害群之马！""她是一匹独行的狼。""她是一生难得一见的女孩了。"你说我除了收集面包屑（面包屑指让一个人感到安全的证物，详见第10章）来证明真相之外还有别的选择吗？换作你，你有选择的余地吗？

当完美主义的触须缠绕住我们的脖颈时，我们学会了悄无声息努力。我们开始承担起蜘蛛们一手创造的责任，因为在他们的眼里，基因里携带的天赋已经能让我们从容地应对人生。于是我们下意识地选择了隐藏苦楚，力争颜面，为了博取他人的赞誉而拼了命地努力。而这一切也预示着我们即将遭受情感上的折磨。

在这些时刻，我们消失了，作为"人"的我们彻底消失了。我们戴上了面具，开始如同傀儡般扮演起别人设定给我们的角色。我们开始在无人知晓时拼命工作。隐形的努力就这样一点点开始了，谎言也一点点随之产生，我们的苦难也就这样一点点出现了。只是在十几年后，表面上的我们与内在真实的我们之间的分歧会越发明显，我们将沦为一个彻头彻尾的纠结体。

如临深渊

"是不是男朋友打你了？"护士小姐一脸担忧地看着我。我的手臂上布满凌乱的抓痕和瘀青，很是难看。而真相是我早上在健身房举重时把自己弄伤了。我仿佛还能听见人们看见我健身时止不住赞叹的声音。

我笑了。护士小姐居然以为我被暴力虐待了。好吧，我的确是被虐待了，但不是被男人虐待。我变得越来越没有耐心。难道这就是美国控制人口出生率的方式吗？问这样的问题是想让人对婚姻失望吗？

她在我的手臂里安了一根又细又黑的金属棍，就在我的肱二头肌下。我喜欢这种感觉。每个月我都有一种荷尔蒙缓缓地、稳稳地淌进我的身体的感觉，而且还不用时时惦记着要吃药。只是有一点，装上那根棍子之后，我的月经就再也没来了。

3年后，我又回到那家医院让医生帮我将那根棍子移除，再换根新的。还是在同样的房间。我卷起自己的袖子。

"这次会很快。"护士小姐开始轻轻地将药剂注入我的皮肤。5分钟，10分钟，20分钟……时间一分一秒地过去了。她开始变得焦躁。她离开手术室，取来了一些新工具。

"它都卡住了。因为你实在是太瘦了。我从没见过女人的手臂是这样的。"听了这些话后，我的心脏扑通直跳。她的话说明我与众不同，说明我万分努力。我几乎无法控制自己喜悦的神情。

她继续戳，甚至试着用手去挤压。但我完全没在意疼痛。因为我心情太好了。

手臂上这个黑色小口袋就这样一直粘着我。它就像是我的标签，如实地反映出我是谁，还有我所有的努力。

"它好像不想离开一样，俨然已经成了你身体的一部分。"

苗条，痛苦，娇小的身躯像一张张蜘蛛网一样纠缠着我，裹挟着我，将我牢牢地困在其中，令我无法挣脱。而且随着时间流逝，这些蜘蛛网变得越发黏稠，它们融合在一起，紧紧地包裹着我们，塑造着我们。然后我们也变成了蜘蛛，吐出丝线，结网空中，晨露依附其上，晶莹闪亮。我们变得越来越习惯吐出舌头捕捉飞蛾。

施咒

当我们渐渐长大，成为魅影女性，我们已经完全融入蜘蛛的角色。于是故事的发展完全取决于我们，而我们的人生又取决于这些故事。我们像一座远离喧嚣的孤岛，高冷地独立于俗世之外，人们根本无法靠近，但也就是这份高冷和疏远保护了我们。因为距离太远，所以人们只能看见我们云淡风轻地漂浮于海面，却无法感受到这份从容静谧之下的我们已经竭尽全力。

我们就像是被施了魔咒的提线木偶一样受制于这些故事线。我们竭尽所能，不计成本地维持着表面的假象，毫不在意自己在背后承受了多少痛苦，更别说那些时不时涌现心头的恐惧、悲伤、百无聊赖，这些统统不值一提。我们硬生生逼退了数年来越来越艰难、越来越频繁、越来越残酷的无形苦难。

放弃完美比死亡还要来得恐怖。我们已经在各种谎言中泥足深陷，因而痛苦不堪，可我们偏偏对痛苦的忍耐力极为惊人，并没有到不破不立的紧要关头。我们无法想象有一天自己不再受众人敬仰，我们难以承受那种感觉。

先有标准，然后才有魅影女性的标准。在苏格兰，任何东西只要超过70%，就属于优秀之列，而我也有自己的"97%准则"。任何地方不如别人都意味着我处于弱势地位。我渴望得到老师的认可，少了它们就感觉自己活不下去。每到学年结束红榜公布的时候，我都是一路飞奔，跑到公示板前仔细搜索自己的名字，只有当每一个单项奖下都有我的名字时，我才会心满意足。我不仅要强，我还要让自己更强，最强！

"有什么事情是她做不了的？"这个问题的正确答案只有一个，那就是没有我做不了的事情。

我会拼命地学习，哪怕学到学期结束时我满嘴上火，长满疼痛难忍的溃疡也没关系，我甚至会含上一片又咸又酸的土豆片来以痛止痛。喉咙里卡着浓稠的痰液让我极不舒服，鼻子也因为感冒而患上炎症几个月都不见好。可尽管这样，我也不会像别的孩子一样得了病就待在家里，而是选择继续上学，继续拼命努力，片刻不肯停歇。功夫不负有心人，我的确做到了完美！15年来我一天都没有请过假旷过课。

我从来不知道该如何应对失败。体育运动对我来说是一种折磨，我没有办法轻而易举就赢得比赛，但我也不能认输，我不仅要赢，还要赢得漂亮。如果我在球场上的表现没有达到自己的预期，我就会坐在一旁陷入深深的自责，在心里翻来覆去地纠结于一个失败的传球，在心里朝自己不停咆哮，然而最后却只能选择隐忍不发，独自吞下这份耻辱。

我从不知道在网球比赛失利后扑向母亲的怀抱痛哭流涕是什么滋味。我太习惯她只是远远地看着我，觉得这就是她对我的爱，我甚至不知道拥抱也可以是母爱的表达方式。直到我看见她极为温柔地抱起我那吵闹不休的妹妹时，我的内心瞬间燃起了嫉妒的怒火。

我还记得大学曲棍球队的一个队员在比赛失利后坐在她父亲腿上哭泣的场景。她一面哭得梨花带雨，一面又被她父亲逗得忍不住破涕而笑。我当时还纳闷她是否会觉得坐在成年男性腿上很尴尬，毕竟是这么亲密的接触。我就这样出奇地看着他们，直勾勾地挪不开眼，直到忍不住眨了眼才发觉自己的失礼。我当时表情松弛，嘴唇微张，一脸错愕的样子。他们也太亲密了，让我感觉很不舒服。更过分的是她这种故作柔弱的样子，真是让我觉得恶心极了。

剽窃

无论是完美小孩还是魅影女性，我们一直是众人关注的焦点，但我们也从未被人真正看见过、看懂过。我们丝毫不能松懈，哪怕卸下防备一分钟，我们也不敢。我们需要时刻警醒，才能把故事演下去。我们其实就是骗子，就是小偷。别人希望我们是什么样的，我们就剽窃他们的想法演给他们看。虽然剽窃是可耻的，但是当我们本身就是个谎言的时候，我们的行为还算是剽窃吗？

所有的魅影女性都会遇到这样的时刻，一面不停结网来延续故事，一面自我开始崩溃。这种表里不一和内外脱离给我们带来了无尽的麻烦。随着故事的发展，当故事不再满足于摆弄我们的躯体时，它们就会像蚕食坏果的蠕虫一样吞噬我们的灵魂。这些故事会将我们的灵魂镇压，然后取而代之，看起来比真正的我们还要真实。最终，我们将彻底命丧于这些亲手编造的谎言之手。

在阳光下，蜘蛛网投下了长长的影子，蜘蛛饥饿地等待着猎物上门。这张完美的网是蜘蛛在黑夜里默默耕耘的结果。每一丝每一缕都是我们付出的心血，只是因为我们相信别人一定在紧紧关注着我们。我们如此拼命，是为了确保没人能够发现我们的秘密。

明知一切都是谎言，可我们还是选择了同流合污。我们完全被裹挟了，根本停不下来。人性这东西早在我们孩童时期就消失了，再也没办法唤回。也许很久以前我们也有机会收手，做回真实的自己，可我们还是选择了继续。就这样，那些不经意间从别人口中冒出的故事将我们变成了如今的样子，还死死扼住了我们的咽喉，让我们无力挣脱。

一开始的时候，我们只是被困于别人的网。可是现在呢？我们自己也变成了织网的蜘蛛。我们吐的丝就是我们编的谎，它们已经勒住了我们的咽喉。一切都是我们自己作茧自缚，自作自受。而这只蜘蛛，只会越来越饿，无所畏惧，因为我们是在炼狱里锻炼出来的猎手。

第 5 章

我们害怕
被揭穿

※

　　我惊醒了，默默祈求上苍仁慈，至少，不要是今天。可它已经来了。它呼出的气疲惫而沉重，周围湿冷的空气都变得温热起来。它的爪子在你的肚子里不停刨挖，尾巴死死卷住你的脖子。它露出了尖锐的獠牙，这些獠牙在夜色中寒光阵阵，上面的口水腥臭黏腻，仿佛给你笼罩了一层死亡的气息。只一口，它的尖牙就可以刺穿你的骨髓。在它眼里，没有什么比自己的恐惧来得更美味了。

　　它不应该如此饥饿啊，毕竟昨天它才饱餐了一顿，前天也是如此，甚至这几年都是这样，每日大快朵颐的啊。它大概有一个无底洞般的胃吧。为了填这个洞，它才疯狂地往肚子里填东西，它才疯狂地猎杀自我。

　　它并不存在于自然界。在自然界存在着等级制度，弱肉强食，力量为王。动物们相互猎杀，彼此相残，它们吃着弱者的血肉，也终将成为更强者的午餐。所有的动物都臣服于力量，完全适应了弱肉强食的丛林法则。鸟儿啁啾欢唱，溪水汩汩而流，草地绿意盎然，一切祥和美好。但这儿完全不一样，我们也完全不一样。在这儿，你与自己最害怕的人同居一体，无处可躲。整个生态系统里只有你，再没有其他任何自然界的捕猎者，你就是整个食物链。猎手是自己，猎物也是自己。

每一天醒来它都比前一天饿。它的欲望一天比一天大，它的恐惧也一天比一天深。事实证明你只能靠自己，自己照料伤口，自己填饱肚子。这样你才可以高枕无忧，继续酣睡。第二天早上你们就可以再见面。当你醒来，最好赶紧逃跑。

分裂

感觉自己像个赝品是一种深刻又复杂的体验。历史上有段时间，那些不忠不义之辈都会被处以车裂之刑。他们被绑在木板上，手脚都被钉在上边，随着木板被拉动，整个身体随之四分五裂。

魅影女性现在就躺在相同的木板上，只不过手脚上的钉子是我们自己钉的。我们也很清楚自己会被撕成碎片。别人是如何看待我们的？我们内心又是如何想的？这之间的矛盾简直要将我们弄得精神分裂。一方面我们追求完美，另一方面我们又极为厌恶这样的自己，这就导致我们总感觉自己像个赝品。我们生活得小心翼翼，生怕别人会知道我们其实也不过是普通人，普通到甚至连自己都不敢面对。我们不敢面对自己软弱的人性，不敢面对自己的短处和不足，不敢面对那些可能被别人攻击的平庸之处。我们越害怕什么，就越是拼了命地想要为自己辩解。我们就是矛盾的结合体，猎手是自己，猎物也是自己。

分歧

魅影女性活在矛盾之中。如果我们坚定对自己的看法，那么我们的人生就会简单得多。至少我们不会如此纠结，要么觉得自己独一无二，要么觉得自己一文不值。但对我们这样的女人来说，这太难做到了。它不仅仅是我们对自己的认知不同于其他人对我们的认知，也不仅仅是我们认为自己不够好而别人认为我们已经很优秀这么简单。当然，我们也相信自己是出类拔萃的。

我们就是与众不同，我们对这一点深信不疑。虽然我们很怕被揭穿，但一旦被告知自己拥有天赋，那种发自内心的喜悦又会让我们一时忘记所有。可是当我们想要休息一下，暂时缓解一下痛苦的时候，内心又突然意识到自己的本事不过尔尔，顿时不敢懈怠。

但比起普通人，我们的能力还是要强很多。每次拿别人和自己一对比，发现别人比自己差很远，我们就觉得莫名开心。但与此同时，我们也害怕自己嘲笑的那些人会在某个我们不知道的领域超过我们，发现我们其实也不过就是普通人一个，与他们没什么两样。这种分裂的想法简直要把我们弄疯了。

对魅影女性来说，这种纠结矛盾的状态实在是再正常不过了，我们一边觉得自己比别人都强而沾沾自喜，一边心里还不屑跟别人比较；一边嘲笑别人活得笨拙，一边又羡慕别人的生活简单；一边扬言"自己第一，快乐至上"，一边没多久又为自己的需求感到无地自容；一边拼命努力博取关注，一边又怪自己表现得过于明显；一边震惊于旁人居然对我们的魅力无动于衷，一边又质疑自己是否有资格吃午餐。

可以说，魅影女性的变化无常是一种常态，我们可以一下子目空一切，一下子又自卑自疑，在这两者之间往返跳跃，矛盾纠结，不能停歇。我们仿佛坐在一扇门后，等待着有人上前砸门，透过锁眼朝我们厉声高喊："你这个假货！"

彭彭

我的成绩好到可以做任何事。我学过绘画，搬去美国之前我曾在苏格兰学过一年。那所艺术学校在我们家乡很有名，称得上是当地的一颗瑰宝。我自认为是一个想法天马行空的小孩，但在那里我简直跟洗碗水一样普通。

那是上课的第一周，课的主题是现象学，这是一门对经验与意识的结构进行哲学研究的学科。我画了一幅被撕碎的纸，取名为《深刻》。

在第一周我交了两个朋友，他们就好像《狮子王》里的丁满和彭彭一样跟我形影不离。

他很瘦，特别瘦，如同一只瘦弱的小鸟。我感觉自己的眼睛被吸引住了，在他瘦小的身体上一遍又一遍打量着，仿佛要把他生吞了一样。他穿着黑洞紧身牛仔裤，破洞中露出膝盖，显得恰到好处。他的嘴唇很厚，操着一口苏格兰高地口音。当他说话的时候，我仿佛置身于欢畅的苏式语流，那感觉妙不可言。他常常被我的笑话逗乐，我一见到他就喜欢上他了。

她站在他旁边，身体就像一个巨大的球茎，又像一个被吹得鼓鼓的大皮球插在两根棍子上，总之难看得就像一个吸饱了血的蜱虫。她说话很大声，特别聒噪。一天到晚不是嚷嚷着要把巧克力曲奇饼泡奶茶吃，就是在吐槽电视剧难看。

她的作品我压根看不上。她画的都是些来自格拉斯哥的穷人，他们脏兮兮、丑陋不堪。她把这些画随意地挂在墙上，她还在上边缠满了带子。我觉得她的作品一点也不规整，毫无艺术感可言。可不知为何，她却拥有一堆朋友，多到数都数不过来。而且，她想吃什么就吃什么，喝起白俄罗斯鸡尾酒就跟喝母乳一样，她只讲畅快，丝毫不在意节制。不仅如此，在画室她总是占据很大的地盘，这让我很不舒服。最要命的是她还一直黏着我，让我不得一刻清静。她总是在别人面前讲：

"跟我们出去嗨吧！"

"来一杯！"

"要玩就尽兴嘛！"

"放轻松！"

真是个讨厌鬼！我在心里喊道。但我不能说出口，现在不可以，以后也不可以。她的有趣并不会让我觉得心安，甚至让我觉得很油腻。我觉得她这样做是对自己的不负责任，是离经叛道，因为她与我被期待成为的样子完全背道而驰。我怀疑她就是盯着我来的，我就像她的猎物，她把我看得清清楚楚，仿佛一眼就能看穿那些工整画作背后的我是多么不堪。我害怕她，所以我好想像踩死臭虫一样一脚踩死她。

我开始刻意冷落她，忽视她，对她爱搭不理。我还在背后偷偷议论她，对她那些乱糟糟的画作嗤之以鼻。可惜，学校里的人居然没有站在我这边的。我一下子感觉自己受到了冷遇，我从未有过这样的体验，感觉自己平庸且无趣。没人在意我早上8点就赶到画室画画，也没人在意我每天长达几个小时的锻炼。他们只在意我是否愿意跟他们一起在大学酒吧里纵情买醉。我身边围绕的都是些疯狂的年轻人，他们一连数月不来上课，一点也不在乎成绩，只想着纸醉金迷，纵情享乐。

完美主义在这儿并不适用。一开始我只是感觉不舒服，但很快我就感觉如同身处炼狱一般。一年以后，我再也忍受不了了，于是我选择了退学。两个月后，我搬到了美国。我以为飞到美国后自己就自由了。毕竟这是一个全新的国度，我将开启一段全新的人生，可令我没想到的是，痛苦也有护照，苦难如影随形。

回音室

魅影女性的"赝品情结"从来都不会只是在耳边低声呢喃，而是在心里歇斯底里地咆哮。在关注自身方面，我们可以称得上专家，所以我们怎会觉察不到别人对我们的关注？

我们相信所有人都在盯着我们，就等着我们失败。那些与我们有过一面之缘的人、那些根本就不认识不关心我们的人以及陌生人，全都在等着我们出洋相。这种害怕被别人看穿的恐惧让我们喘不过气来，我们就像是被一头散发着恶臭的恶魔掐住了脖子。

我实在是害怕极了，每天都担心别人从我的言行中看出端倪，所以我开始不择手段，什么事都敢做，什么人都敢利用，以此来确保我看起来强大。在我终于意识到自己就是那头"猎杀自己"的狼时，我已经屠杀了100多只彭彭。

让别人成为我们人生命运的主宰是很容易的，重视别人对我们的看法也不难。也许他们就在注视着我们，也许某些时候我们还真的感受到过他们的眼神，也许我们也值得他们关注或上前与我们攀谈。但是，其实根本就没人在意我们，一切都是我们自己自作多情。真正虎视眈眈盯着猎物的是我们，我们自己才是真正的猎手，迫不及待地想要扑咬上去，吸干自己的鲜血。我们所害怕的观众不过是我们心中那头恶狼外显的幻想，是我们心中仇恨的投射罢了。

魅影女性都是大师级的自我跟踪狂。"猎杀自己"如同一只闭合的圆环，循环往复，无始无终。我们的头颅就像一间回音室，里面充斥着恐惧之声。在我们的身体里，我们一半是猎物，正蜷缩在角落瑟瑟发抖，另一半是猎手，像一只龇牙咧嘴的猎犬，正匍匐作势，准备将猎物一举击杀。

这头狼变得越来越饿，我们对完美的定义变得越来越苛刻，我们对自己的猎杀变得越来越冷酷，越来越无情。我们想要逃，但我们内心其实也深知，自己根本逃不掉。

外在的自己

为了维持表面从容的样子，魅影女性早已累得喘不过气来。我们好像嫁给了这个游戏做妾一样，恐惧就是我们不得不面对的冷酷女主。她就像一堆永不熄灭的余火，怒气永不消散，在她面前我们永远都要低声下气，唯唯诺诺。

一个无情的猎手从不会失手。因为我们的世界永远在奖励这些冷酷的猎手——狼。有谁会在乎我们是否生活在噩梦之中呢？作为一个赝品，恐惧就像你身后的影子一样永远无法摆脱。但与此同时，它也是个力量强大的创造者。它让我们变得强大。它让我得到了大多数人梦寐以求的东西。模拟联合国时，我代表家乡苏格兰参与。在美国最佳运动员中，我属于最高级别。大学毕业时，我的绩点高达3.98。一个跟我只有过一面之缘的人居然给了我25万元赞助我读研深造，还是一次性转账给我的。"你确实与众不同，这点毋庸置疑。"一家公司在我还没有接受正式入职培训前就为我花费了很大一笔钱，只为帮我拿到绿卡。我能蹲举两倍于自己体重的器械，而且为了确保我举重时看起来很从容，我大多数时候的午餐就只吃冷掉的煮鸡蛋，以补充足够多的蛋白质。

时刻保持猎杀状态是很辛苦的，但好在我们得到了自己想要的一切。在每一个黑暗的日子里，我们始终光芒四射。这种成就感与荣耀感让我们享受其中，根本不愿停下脚步。

我们想要躲避的那头狼就住在我们的身体里。因为一直被称赞天赋异禀，我们就只能扮演起这样的角色，再无助也不能停，只有这样，众人的掌声才不会停。只有这样，我们身为猎物的那一半才能稍稍得以喘息，而我们体内那头狼也不至于在晚上饿肚子。我们如同落入水中的猎物，拼命挣扎产生的浮力总算能让这凶狠的恶魔暂时安静，但我们还是快乐不起来，因为我们从没有真正赢过，根本不敢放松任何警惕。当我们的价值取决于我们的产出时，如果我们还原地不动，那么我们真的要对自己的人生感到担忧了。

当我们原地不动时，我们还是自己吗？还是别的什么人？我们总是被这样的忧虑困扰着。在生活中我们一直奔波在追逐金钱、奖项，甚至只是体重秤上一些小小的数字变化的道路上，我们马不停蹄，一路狂奔，可殊不知我们的目的地压根就不存在，一切不过是徒劳。

我们也想过停下脚步休憩片刻，找一个安静之地一人独处，暂时脱离生活的轨道，将一切都抛在脑后，或旅行或投身于其他爱好。好吧，这一切只能是在我们的梦中。魅影女性完全不知道自己真正在意什么。我们做什么都拼尽全力，但我们却不知道自己到底喜欢什么。

完美主义总是会带来一种喜悦的假象，让我们感到欢愉和满足，根本不想停下来休息。这些梦都是精心打扮的谎言，一旦我们沉迷其中，我们体内的狼很快就会嗅到我们血液中产生的新恐惧。

我们决不止步于只擅长某些事情。平凡也从来不在我们的选项之中。那面告诉我们"你就是世界上最完美的人"的魔镜不能被打破，施加在我们身上的"完美"诅咒也不能被打破。

魅影女性心里深知，如果想要活下去，就不能停下前进的脚步。我们也深知，我们明天还是会一如往常地醒来，继续猎杀。我们根本停不下来，只能这样日复一日、年复一年地继续。

猎手绝不会有心慈手软的时候，我们体内的那头狼也绝不会有年老体衰的那一天。每一天过去，它们都只会变得越发无情，凶残日盛，欲壑难填。她们总是想要得到更多，更多荣耀，更多锻炼，更多骨感。过去能阻止狼靠近的方法现在已然毫无作用，因为随着我们日渐长大，狼的力量也逐渐强大。

　　魅影女性做梦都想休息，但又极度害怕被揭穿，所以只能不停前进。一方面，"赝品"的阴影森森然向我们逼近；另一方面，无尽的猎杀所带来的回报又如此令人沉迷，为了维持我们自己创造的谎言，我们根本停不下来。我们已经将自我价值体现得淋漓尽致了。

　　随着猎手变得越来越冷酷无情，我们渐渐学会了转换自己的身份，既能让他人对我们的缺点默不作声，也能保证我们体内的狼饱食无忧。

第 6 章

戴上面具就没人
能够伤害我们

※

　　你永远没有办法徒手抓住一只刺猬，而我的周身也遍布刺猬一样的尖刺：每一根尖刺都在提醒别人不要靠近。如果身上的尖刺还不够具有威慑力，那么我一定会在态度上有所体现，以确保人们对我敬而远之。想要靠近我是需要勇气的，最好与我保持10步以上的距离，以防我心情不好了突然发起攻击。

　　我有时候在想，自己是不是生来就浑身长满尖刺，又或者是，当我意识到根本不会有人来握我的手，我没有安全感时，身上的尖刺才会变得越来越尖锐锋利。或许是因为我一直星光熠熠，意气风发，所以别人根本不会相信我也会哭吧。

　　这些锋利的尖刺就隐藏在我的皮肤下，它们无声无息，却是我强大有力的武器。它们是我抗拒时的短兵，亦是我自我保护时的盔甲，是它们为我们制造了"生人勿进"的气场。

每当我想起父母无法满足我对爱的需求时，我就能感觉到，这些尖刺仿佛要穿破我的皮肤，呼啸而出。他们都是善良美好的人，而我却像一颗掉落在他们大腿上的定时炸弹。

虽然很多年前我就开始疗愈自己，但我还是一点就爆。只要别人的言语稍微伤害了我，我就会变回8岁时的脾气。尖刺会刺破我的皮肤，纷纷冒出。我会像个刺猬一样紧紧抱住自己，孤身一人，蜷缩成一团。我又想起了那些日子，因为父母觉得我不需要拥抱，也不知道该如何表达对我的关爱，所以我只能躲在沙发后，在暖气片与沙发的间隙里，一个人紧紧抱住自己。我就像刺猬的女儿。

我们生来就如此吗？还是我们是被改变成这样的？或许两者都有吧。知道我们其实并非个例，对我们而言也算是些许安慰吧。

现在我还是能感受到这些尖刺的存在，在我的心里，在我的皮肤下，守护着我柔软又脆弱的地方。我很久之后才慢慢知道，原来我完全可以将这些地方安心示于人前。

我们隐藏自己的方式

魅影女性表面上看起来非常强势。她们滔滔不绝，言语犀利，好像对世间的需求仅仅是一张床垫和一杯冷咖啡。那些关注着我们、崇拜着我们的人将这份近乎狂妄的自信视为我们的精髓所在。可惜他们都错了，而且是大错特错。当他们与魅影女性打交道时，他们所感受到的力量其实只是我们的防御机制。当他们震撼于我们超强的工作能力，叹服于我们握手时强劲的力量，惊讶于我们每天只睡4个小时就足以精力充沛地应对生活和工作时，他们所认识的我们并不是真正的我们，而是我们用来保护自己的假象。他们看到的只是我们戴上的面具，只是我们精心设计用来掩饰自己痛苦的各种角色而已。

如果无所畏惧，那就没什么需要保护的。对魅影女性而言，无所畏惧简直就是天方夜谭。恐惧就如同我们的守卫者，是我们维持完美表现的动力所在。我们生怕被拆穿，生怕我们苦心经营的城堡一夕之间化为乌有。我们生怕被别人看见面具之下丑陋的真面目，生怕我们显得可怜又可悲。

黄油

我20岁出头的时候住在美国得克萨斯州的奥斯汀。我可能生来就不适合住在南方，因为我不喜欢没完没了的大太阳。

那时是我最胖的时候，肉太多了，褶皱处总是汗津津的。身体在用这种方式告诉我哪里出了错。

通过朋友的朋友介绍，我找到了合租的室友。我可是捡到了宝，她一直咋咋呼呼的，爱说爱笑，特别有趣，直到今天还是我最好的朋友。我们一起住在一间小小的平房里。她养了两只狗、两只猫，家里面到处都是动物的毛发。我们的花园里还住着一个奇怪的男人，个子矮矮的，一个人住在一间小房子里。有时他会开车载我们去上班。

那是一个周日，我正在尽情享受美食，好吧，这已经不知道是第几次我告诉自己"最后一顿"了。出门不到7分钟，我就走进了当地一家破旧脏乱的小店。我买了一整盘肉桂卷，足足有16个，还有一大袋薯片以及一些冰激凌。我想，吃完这些我可能要撑晕过去了吧。

事实也的确如此，因为吃得太多犯困，所以我就睡了一会儿，醒来已经是下午了。我躺在充气床垫上，上边连床单都没有铺，身上黏黏糊糊的，已经被汗水湿透了，更恶心的是枕头上还有我滴下的口水。我爬起来套上一件麻袋似的汗衫，又径直朝那家小店走去。

那时的我正处于人生的转折点。我其实已经厌倦了每天吃吃喝喝的生活，但一想到第二天又会饿，我就管不住自己。我沿着走道前行，希望能有个什么跳出来转移我的注意力。但是什么都没有。

我在想该如何大量摄入卡路里，这似乎是我对自己的惩罚。我买了一盒黄油，一大袋家庭装的薄脆饼干。一回到家，我就开始大吃特吃，将饼干裹上融化的黄油，一口一个，吃到再也吃不下。然后我又昏睡过去，一觉睡到天明。

星期一早上我又坐上他的车去上班。

"你吃了薄脆饼配黄油？"他一边开车一边问道，眼睛直视前方，"嗯，是挺美味的。"

我整个愣住了。

"哦，我昨天在店子里看见你了。"

我都能感到自己的脸在发烫，我想我的脸一定红得跟小丑手中的红气球一样。昨晚吃剩下的黄油和薄脆饼仿佛又翻腾到了我的喉咙口。他知道我昨天吃了什么？他怎么能看见我吃了什么？我感觉自己的脸越来越烫，喉咙里涌上来一阵火辣刺痛。

"哦，我给自己烤了点东西吃。"我快速回答道。

"挺好的。"

我都能感受到那汗水从我的前额滚落，太尴尬了。自那以后，我就开始在网上叫外卖。因为你永远也不知道谁在关注着你，你也永远不知道他们会看到什么。

一想起这个男人知道我的生活如此窘迫，我就感觉要昏死过去。要知道魅影女性最怕的就是被别人看穿。对我们而言，被别人真正看懂是非常可怕的一件事。

我们害怕他们看到我们吃了一袋又一袋薯片，然后脂肪在我们那不自律的身体中堆积的样子；我们害怕他们看见我们因为太胖而挤出来的软绵绵肉乎乎的褶皱；我们害怕他们看见我们头发不梳，邋里邋遢，恶臭难闻的真实样貌；我们害怕他们发现我们其实也就是普通人一个。这风险太高了，那感觉就好像在用刀割一个婴儿的脖子，光想想都觉得难以接受。

魅影女性身上还是有东西需要守护的，所以我们必须想办法强大起来，让自己看起来刀枪不入。于是我们制造了各种各样的面具来保护真正的自己。戴上面具虽然痛苦，但这种伪装却可以帮助我们隐藏自己。只要戴上面具，就如同贴上了"请勿靠近"的标识。面具能够将我们内心的痛苦展示出来，然后化恐惧为动力。我们渐渐习惯了这些令人厌恶，冷酷无情的面具，它们就好像我们的第二张皮肤一样，一边将真实的我们隐藏起来，一边开启防御机制保护我们。

对魅影女性而言，戴上面具扮演设定的角色，是将自己与外界隔离的最好方式。面具就像一道墙，将我们内心的想法与他人对我们的看法隔绝开来，同时它也教会了他人与我们打交道时要把握的度。

投射

小丑总是咧着嘴笑，却是这个世上最悲伤的人。相比小丑，魅影女性的命运其实更为可怜，这点从我们绘制面具时的得心应手便可见一斑。我们的巫术是有技巧的，我们的表演也绝对不是只有一种风格。我们拥有各种各样的面具，我们会根据不同的场合做出不同的选择，以此来控制他人的反应，让他们对我们或心生畏惧，或俯首顺从，甚至顶礼膜拜。我们就像办了一场大秀，只有买了票的观众才能走进秀场欣赏我们的表演。既然这些观众买了票，我们就要确保他们不虚此行，至少值回票价。

每当我感觉心力交瘁、濒临崩溃的时候，面具就会重新给我注入力量。每当我快绷不住、眼泪即将决堤的时候，面具就会再度给我自信，让我感觉自己很重要、自己被保护着，顿时，我的心中就有了安全感。这些年我戴了很多面具，但它们都有一个共同的主题：暗黑。

害群之马

越长大，我就越喜欢"害群之马"这个角色。我很享受成为特立独行的那一个人。这也给我带来不少好处，让我感觉自己很特别，与众不同，甚至高人一等。我喜欢成为焦点。很小的时候，我就在一次舞蹈表演前把自己的头发剃了。没有办法的大人们只好用一根厚厚的弹力带将那个超大的蝴蝶结绑在我的头上。我看起来滑稽极了，但也确实与众不同了。

等我长大一些，面具就成了我博取同情和敬畏的最佳方式。我搬去了美国，在一个完全不同的国度，我独特的口音令我备受追捧。我就如同一件新奇的宝物，成了他们聊天的热门话题。每当他们试图用自己苏格兰祖先的故事，来吹捧我漂洋过海背井离乡的勇气时，我都在心里暗自发笑，这些美国人真没见过世面。

"你的父母都不来看你的吗？"他们盘问道。每次看到这些坐在边线外，眼巴巴等着父母驱车十来个小时来看望她们的小姑娘，我都会故作娇态，装出一副可怜的样子疯狂博取她们的同情。这感觉犹如吸取蜜浆一般令人畅快。"看她多勇敢啊！""她太孤单了！太可怜了！"在她们眼中，我就像一只孤独的狼。我感觉自己像一只外来的鸟儿被不停地打量、观赏，又像鸽子堆里唯一的一只红鹳鸟，格格不入。这种扮演弱者的快感着实让人沉迷，"害群之马"成了我最喜欢的面具之一。

无法靠近

工作时我是无法靠近的。我喜欢观察别人，但我只观察值得观察的人。这张"生人勿进"的面具带给我一种受人尊崇的感觉，让我感觉自己高人一等。我最初的一份工作是在谷歌。我的同事们都喜欢一起工作、玩耍，而我偏偏喜欢自己单干。我可以长达数个月不与人说话，我确信他们能感受到我的存在。

一个周末，我在骑自行车的时候被一辆车撞了。强大的冲击力直接把我撞飞了。我重重地摔在马路上，而我的身边正车来车往。

第二天我照常去上班。我固定的工位是在一个角落里，而且我平时也不太与人打交道，所以直到吃午饭的时候同事们才发现我脸上的伤。我能听见他们因为惊讶而产生的"咝咝"的抽气声。

高冷地谢绝别人的盘问与奉承，然后径直回去工作，这种感觉真是太棒了。这张面具的冷酷属性不仅能够将人拒于千里之外，还能让他们对你心生敬畏。我好像站在舞台上，他们就是台下的观众。即便谢幕了，我也依旧清高孤傲，不会给任何观众签名。是观众就好好看戏，摆正好自己的位置，不要指望套什么近乎。

这张面具让人对我望而却步。这很好，毕竟人们越靠近我，我的防御力就越低，我受伤害的可能性就越大。当然，有些时候我也会有所缓和，不那么冷若冰霜，但这只是偶尔，并不常见，而且我一定事先评估了他们的危险系数才敢这么做。可即便如此，他们还是认为我难以接近。

恶人

她是我在锡拉库萨大学曲棍球队的队员，高高瘦瘦的像根竹竿，走起路来也怪怪的，有着看上去很容易晒伤的惨白皮肤，看起来完全不像一个曲棍球运动员。

这些还不足以让我讨厌她，真的让我对她心生厌恶的是她没完没了的提问。她几乎逢人就问："你觉得我该怎么做？""你能帮帮我吗？"

她的眼睛总是在张望着、搜索着。不停地眨动的双眼像是在探查猎物一般，令人毛骨悚然。她就是这样一刻不停地寻找能回答她问题的人。她一遍又一遍地舔着嘴唇，表现出一副紧张兮兮的样子。但让我无法理解的是，似乎所有人都很喜欢她这个样子。更让我受不了的是，她的曲棍球居然打得比我好。这完全说不通啊！

我开始费尽心思地想，该如何把她赶出队伍。于是我开始人前人后大声议论她，就算在公交车上也不放过机会。我或者说她滑稽可笑，或者说她冷酷野蛮。我很享受当这么一个恶人，恶毒的话张口就来，要知道这可是很多人想都不敢想的。

直到我看到在公交车的过道中有一只脚伸了出来，顺着散落的鞋带望去，她正坐在我的正前方！我立马安静了下来。之后好几天她都没来问过我任何问题。最后她还是忍不住了。她坐在我的斜对面，因为紧张她不停地舔着嘴唇。她的衣服上还粘着昨晚的食物，而且都已经发硬了。她的眼睛里都是困意。我完全不敢与她对视，也不敢说一句话。因为我知道自己错了，可我又抹不开面子道歉。

我又想起了我的母亲，要是她知道了此事一定会为我感到羞愧的。但是我又发现自己别无选择，因为道了歉我就再也强大不起来了。因此，我还是选择继续在背后议论她，只是不再在公交车上这么做了。唉，面具不会教你如何做人。

体验派表演

通过减肥获取他人的关注是魅影女性表达心中苦楚的方式。我们的面具就是我们在公开场合的伪装，这些面具能将真实的我们隐藏起来，从而保护我们。当没人愿意爱我们，没人愿意拥抱我们，没人愿意认可我们的时候，面具能帮我们做出回应。这些面具就像未经加工的毒药，散发出原汁原味的恶臭。

吃饭七分饱，这说起来容易做起来难。对比之下，戴上面具是最不费力的方式了。这些年来面具不断进化，变得与我们的故事网密不可分。我们将这些故事融入了我们的个性，最终，这些故事自然而然地进入了我们演绎的各种角色。

面具让我们可以安心地在这个世上演下去。面具其实是一种防御机制，这种防御机制能帮助魅影女性避免被人一眼看透。我们的观众常常会被面具所制造的假象蒙蔽，认为我们扮演的角色就是我们本人。

有些演员能坚持一部戏演到47季这么久，是因为他们早已融入戏里的角色，甚至已经变成戏中人物。魅影女性的情况与其没什么差别，只不过我们演的戏没有酬劳罢了。我们是用自己的人生在支付酬劳。

出演魅影女性这样的角色可以算得上体验派表演的一种形式，只不过这种形式有点令人厌恶。戴上面具是为了掩饰我们心中的恐惧，可是，这份害怕被揭穿真相的恐惧却可以让我们在说谎的时候心安理得。

我们不相信自己能够离开角色，过上不同的人生。每一天我们都在朝着自我背叛的方向悄悄地迈进，一步一步，泥足深陷。我们发现越来越难将自己扮演的角色与佩戴的面具区分开来。我们编造的故事正在变成绞死我们的刑具，而我们佩戴的面具也正在慢慢融入我们的皮肤。

批评者

魅影女性相信所有人都在注视着自己，都在等着看自己跌落神坛，其实这反映出我们内心对自己的批评。我们将自己害怕被揭穿的恐惧投射到了观众身上。在我们看来，如果我们不小心念错了台词，那么这些观众就会对我们大放厥词。每天我们都站在舞台上表演，都要向台下唯一的观众鞠躬。那个端坐在我们所有苦难中央的无情法官其实就是我们自己。

足够多的悲惨故事让儿童演员们了解到一个真相：所谓的名利、天赋和金钱都无法真正保护他们。天赋不过是一种毒药。我们已经放弃抵抗了，开始变得浑浑噩噩，心甘情愿在自己的游戏里扮演一名供人驱使的小小兵卒。

我们已然麻木，可在这表面的麻木之下，却并非死水一潭。永无尽头的自我猎杀行动，小心翼翼维持的安全距离，以及令人心寒的无情漠视，这一切都在我们灵魂深处激起深深的渴望，我们渴望有一天自己能摘下面具，坦坦荡荡、光明正大地走出去。

其实之前还在谈恋爱的时候，我曾短暂窥见过如果有一天我不再演戏，做回真正的自己，我的人生会是什么样子。那时我还在读研，但是自从遇见了他，我就完全沉浸在他给我带来的快乐之中，那是我许久不曾拥有，甚至从未拥有过的快乐。

一天早上我早早去了健身房，像往常一样疯狂健身。锻炼完回到家，冲完澡，就接到了他的电话。

"你今天要做什么呀？"他问道。

"工作啊。"我漫不经心地回应着。

"想要去冒险吗？"

我一下子迷惑了。今天是星期三，有谁会在周三出去冒险寻开心的？

"走吧！"

于是我们驱车直奔一家公园。园子里鲜花盛放，绿草如茵，让人心旷神怡，我们一坐就是数个小时。他给我拍了好些照片，不停夸赞我的美貌。我们还一起吃了龙虾卷，我终于又尝到了黄油的滋味。

真好吃啊！许久没吃过这样高档的食物了！吃到这样好的食物就像吸了一口纯氧般让你身心舒畅，又像面朝大海般令你心旷神怡。这是一种让人无法承受的轻松畅快。但是很快，乌云就遮住了阳光。我知道自己一定会付出代价。果不其然，为了减肥，那天我就只能骑行回家，而且连晚餐也没吃。

谢幕

魅影女性心中一直有一个想法，那就是希望演戏能有中场休息，在继续下一场戏之前能有片刻时间做回正常人。对我们而言，想要无牵无挂地生活，风险实在太大了。如果我们摘下这些保护面具，会发生什么我们真的无法预料。我们几乎从没进行过自我反思。我们都不知道自己究竟是谁。但是如果我们不能摘下面具，那么我们永远也无法真正疗愈自己内心的痛苦。我们最害怕的真相恰恰就是解救我们的钥匙。

选择将自己身份中虚假的那一层剥离出去，需要非同寻常的勇气。要放弃自己扮演了一生的角色，这感觉如同剜心挫骨，将人置之死地。有些时候我甚至怀念面具之下暗黑的时光，怀念工作到筋疲力尽的感觉，怀念别人说我不近人情的论调，怀念那些拼命减肥的日子；怀念过去自己对力量的痴迷，小小的肌肉支撑着薄薄的皮肤；怀念自己轮廓清晰可见的肋骨，左边一列，右边一列；怀念我消瘦的脸庞，以及那些拼命节食的日子，拼命到好像有人在追杀我一样。

回想过往，进行清算时我们也面临着抉择：是逃避还是治疗。只不过在事实面前，想要逃避并不容易。我们就是斯德哥尔摩综合征患者，钥匙明明就在我们的口袋里躺着，我们却没有勇气去使用它。我们一定会痛惜自己失去的角色，怀念暗黑的面具下强大的自己，同时也一定可以找到一种既不用伤害别人又可以成全自己的方式，我们已经准备好放下自己的执念，不再坚持认为自己的痛苦异于常人、甚于常人，不再认为自己的痛苦无人能懂。

做出这样大的转变一定会有代价，甚至是流血的代价。但这样的代价却彰显了我们改变的诚心，因此它既是必不可少的，也是值得的。因为我们每拔除一根野草，便清出一寸干净的土地。你无法预料在这片重新恢复干净的土地上又会有什么新奇的事物生根发芽。

剥离了虚假的面具，魅影女性就可以为展示真我提供更广阔的空间了。尽管将自己脆弱的一面显露出来让人没有安全感，但永远待在别人看不见的地方又会好到哪里去呢？

问问你自己，你真的可以接受自毁人生，凄惨一世吗？你真的愿意就这样在面具下苟延残喘吗？你真的愿意就这样一直与自己开战，斗个你死我活吗？你真的愿意就这样浑浑噩噩，连自己是谁都不知道地过一生吗？你真的愿意就这样每天战战兢兢，如履薄冰地活着吗？你真的愿意活成一个自己都不认识的陌生人吗？你真的愿意享受这种既让别人关注你，又不让别人看清你的若即若离的生活吗？还是你愿意用这些面具换一种不再被恐惧支配的人生？又或者换取一个连自由都只是残火余烬的人生？

面具的确也有它存在的意义。它能快速地将我们的自我认知和真实感受包裹起来，隐藏起来，让我们顷刻之间就强大起来。只可惜代价实在太大了，我们需要用整个人生来偿还。

为了这份所谓的安全感，魅影女性已经将整个人生都搭进去了，我们无时无刻不生活在严格的控制之下，逐渐变得麻木呆滞，犹如傀儡一般。

其实你大可不必如此，你完全有权利害怕。只是在你取下面具的那一刻，你同时也打开了潘多拉的魔盒，拥有了情绪多变的躯体。

第 7 章

我们害怕
身体的背叛

※

　　我不知道如何变得充满野性，似乎我生来就只会在这方寸间翻滚，与我的姐妹们一起大快朵颐，引吭嘶号。可我却对捕猎一无所知。我也不知道该如何休息，不知道渴了该如何饮水，连对自己的咆哮我都深感不安。我渴望去野外，却早已失去了让自己显得有野性的一切。我跌坐在那里，眼前都是切碎的肉块，我害怕自己的利齿，我高高在上，统领一切，只是我的王国是个监狱。我想变回那个有野性的我，但看着自己的影子我又退缩了，我恐惧所有的活物，我被深深地困于牢笼之中。

困住她

　　魅影女性的日常都是基于虚假的自信和非人的折磨。表面上我们总是一副无所畏惧的样子，我们的确也没有什么需要畏惧。然而，我们之所以看起来咄咄逼人，是因为我们骨子里缺少安全感，不知如何表达自己的情绪。

我们以为无情无欲就是掌控了自己的人生的表现，因为我们相信除非自己表现得完美，否则什么"爱你""崇拜你"都是假的。我们不知道如何打开心扉，不知道如何吐露真相，不知道如何让人失望。我们也不知道如何承认自己的不足，不知道如何去犯错、去输。我们甚至不知道如何展现自己的人性，如何拥抱自己的痛楚，如何掩面哭泣。

我们打造了一具钢铁牢笼来困住这只野兽。

痛苦在我们体内翻腾，唯一可以应对的方法便是以合适的方式将我们内心的骚动表现出来，比如将自己的恐惧、自我痛恨以及粗鄙无用的感觉都倾注到减肥之中去，从而让自己变得充满价值。这种将精力改向的方法给了我们自己甚至整个世界一种错觉，即我们就是人类中的精英，是不受情绪控制的女性，是机器人，是封锁野兽的牢笼，是掌控一切的存在。我们做什么都是对的。但谁又真的明白我们在这个过程中感受到的撕心裂肺呢？

意志力就是一块肌肉。过度训练会导致它疲劳，甚至崩溃。而我们的痛苦始终在翻涌。魅影女性仿佛在一座休眠的火山前起舞，这座火山下翻涌着原始的、未知的情绪能量。

我们害怕摘下面具，因为我们害怕火山有朝一日终会爆发。

安静之地

魅影女性将情绪视为洪水猛兽，我们必须全力镇压情绪，不计代价。我们的一天十分宝贵，没有任何时间来处理这种野性难驯、不守规矩的东西。在我们眼里，恐惧、悲伤，以及残缺不足的感觉都是只有弱者才有的。好在，我们是唯一可以看见这些的人。

我的父母都是很好的人，但他们却没有教会我如何以一种健康的方式来发泄自己的情绪。我的整个人生几乎是一帆风顺的，我几乎从没与人有过面红耳赤的争吵，我甚至很少高声说话。没人跟我聊过情绪的问题，而我也从来都是对此避而不谈。要是有人聊起这个，我便立马含糊其辞。

在我的认知里，跟人起冲突是很危险的一件事，情绪只会让人没有安全感，所以我拼命让自己变得完美，将所有精力都投入其中，这样一来我就无暇顾及其他事情了。

这么多年来，我一直让自己远离那些无用之人。但是那些我愿意让他们靠近我的人呢？我又会怎么对待他们？在他们面前，我就像一块任人踩踏的地毯。我从不与他们起争执或者起冲突，我只会附和"对，听起来很棒"，然后便是沉默。一旦我感觉自己和他人之间出现了冲突的迹象，我就会选择立即离开。因为我始终觉得，与别人的情绪打交道会让人很没有安全感。

但我却从不介意处理自己的情绪。我既可以为了控制情绪而高强度训练数个小时，也可以为了释放情绪而放纵自己大吃大喝或者狂饮3升水。

我宁愿折磨自己也不愿说出自己的痛苦，我做不到。考试失误了我不能说，男孩子们在操场取笑我"是个男的"时我不能说，甚至他们闹到我跟前，嘲讽我"不男不女"时我还是不能说。夺奖的压力压得我喘不过气时我不能说，我的饮食失控时我不能说，父母没来美国看望我时我也不能说，在毕业典礼这样重要的场合却无人前来为我庆贺时我还是不能说。

没关系，我不介意，没什么大不了。我努力睁大眼睛，希望清风能拂去我积蓄已久的泪水。有时候，我会在夜里咬着牙猛然惊醒。我竭尽全力确保没人看见我的崩溃。但我已经崩溃。

我们是何其悲惨的女性，我们哭泣着，颤抖着，渴望有人能帮我们撑住破碎的自己。而每次妹妹犯了错都可以被原谅，她明明资质平庸也能得到他人的称赞，她将自己的弱点就这样坦然地暴露出来，却得到了大家的关爱。这个时候我就只能整个僵在那儿，强压心中的苦楚，独自品尝自己的脆弱，一边为自己的脆弱感到羞愧，一边极度渴望自己的脆弱也能被温柔以待。我就这样久久凝视着自己的脆弱，羡慕着那些哪怕有缺陷却能得到爱的孩子。

窒息

魅影女性的安全感源自控制自我情绪的能力。我们就好比在舞台上翩翩起舞的舞者，每个动作都要精准、到位。只要我们体态轻盈，我们就可以如愿被大家关注。只要我们完美无缺，我们就无懈可击。只要我们麻木不仁，无论什么情况都选择隐忍不发，我们就是安全的。

我们相信脆弱就是一种缺点，情绪容易让人沉迷其中。过去这些年，我们已经打造了一个牢笼来困住情绪的浪潮。因为情绪一旦失控，我们小心翼翼营造的强大形象就会瞬间倾覆，化为乌有。情绪就是一头凶猛的野兽，好在我们已经成功困住了它。

我还记得，一连几周醒来的时候，那种自我痛恨的感觉就好像自己把自己用枕头闷死一样难受。我感觉自己的肺里充满了恨意，我就躺在那儿，被自己弄得极为难受，每一口呼吸都带着恐惧，每一口呼吸都毫无意义。我无暇应付这些反复无常的情绪，我只能一次又一次地吞下这些恨意。如果我不这么做，那么我的健身时间就要错过了。

情绪就像各种体验，它们需要被显露，需要被感受，更需要被认真处理。可是魅影女性决不允许自己的情感得见天日。相反，痛苦被我们强行压制在体内，无限循环，久而久之，它们形成了可怕的风暴，最终场面一片混乱。我们越长大，就越害怕这只野兽冲破我们设定的牢笼，疯狂暴走。可是宇宙中根本就没有任何地方让我们安心地将这头野兽放出牢笼。

魅影女性并不愚蠢。我们感觉风暴中心正向自己步步逼近。我们能做的只有坚定不移地控制我们的欲望。我们慌慌张张地捂上自己的嘴，生怕自己一不小心就将身体里压制的欲望释放了出来。在我们生病难过的时候，我们唯一喜爱的、唯一能依靠的来自内心深处的反馈就是空空的肚子里传来的咕咕声。

我们的节食克制和胡吃海喝有相同的作用，那便是抑制我们情绪化的身体。我们的肚子饿得咕咕直叫，如同野兽发出咆哮，可纵使如此，还是逃脱不了牢笼的禁锢，可见我们所设牢笼之坚固。

镇静

为了参加一场举重比赛，我特意减了重。在举重这件事上，我总是有意选择低一个重量级的，这样我就有更充分的理由节食了。减重的效果很快就出来了。我的肌肉和骨骼很快就清晰可辨，就好像一艘破旧的沉船浮出海面。

我每天很早就爬起来设计这一天的减重方案。我的教练每天早上6点半会准时出现在一家健身房。健身房有一处昏暗的凹室，他会在那里等我。他是俄罗斯人，平时不太说话。但训练指导时，他的嘴却停不下来。

"快了。"他快速地点点头。

杠铃片十分巨大，金属杆冰冷异常。很快，我的手上出现了厚厚的老茧。我的锁骨上也出现了大大小小的瘀青，像被套上了索套。我低头看向自己的小腿，从后到前，疤痕遍布，结的痂让小腿看起来如同脆皮面包，不仅难看，而且很容易破裂。当我将杠铃重重地摔在地板上时，我能感受到这些痂沿着大腿一路碎裂的声音。我都分不清杠铃杆上的血是我自己的还是别人的。

"还不错。"

我随意地将手插进镁粉桶里，然后迅速地将蘸取的白色粉末拍在伤口上。

"再来一次。"

伤口让我感到一阵刺痛，但我喜欢这种感觉。随着比赛的临近，训练变得越来越难熬。我几乎每天都会崩溃大哭，但只有在举重的时候，我才被允许哭。

饿肚子是很难受的。饥饿的时候，时间仿佛都慢了下来，我度日如年。我每天早上逼着自己去健身房，什么也不干，就坐在那里，感受着死一般的安静。我的身体里好像住着一个女巫，她正朝我哈哈大笑："干得漂亮！"我感觉自己已经抵达了世界的边界。不食人间烟火，超凡脱俗。

而胡吃海喝好像也有同样的效果。举重比赛一结束，我就飞奔回家，穿上最紧身的衣服径直朝当地一家汉堡店走去。培根、双层奶酪、蛋黄酱、番茄酱、大份薯条、盐醋味薯片……我点了一堆，然后急不可耐地跑回公寓，准备敞开肚子饱餐一顿。在冰箱空了数月之后，你会发现没有什么比吃上一口肉食更让人开心的了。

一回到家，我就关上门，然后迫不及待地打开包装袋，将这几个月以来的第一顿大餐一股脑地堆在我面前。一连几周的节食后，突然面对如此丰盛的食物，我的肚子竟还不适应，它痉挛了好一阵。

我如同一只饿疯了的牛一样狼吞虎咽，胃口大得恨不得吃掉另一头牛。我大口大口地吞下汉堡，又咕噜咕噜狂吸奶昔，转眼之间一大瓶奶昔就在我眼前消失了，然后我的脑袋都沉醉在美食之中，连我的静脉里流淌的血估计都是甜的。我感觉自己已经抵达了另一个世界的边缘。暴饮暴食给我带来了另一种形式的麻木。

过去两个月所减掉的体重不到一个月就全部回到了我身上。因为狼吞虎咽，我的胃又痛又胀，难受得厉害。每天早上醒来，我都是腹痛难忍，直冲厕所，一泻千里。这就是节食的后果，像弹簧压到底然后彻底反弹。然后我便如同困兽蹲坐笼中，悻悻然任由他人把自己当怪物欣赏。

我们害怕身体里的炼狱，害怕心脏如同一只残暴的公牛，横冲直撞要冲破我们的胸腔。我们害怕这头野兽的气味、毛发、牙齿和内脏；我们害怕疯狂跳动的心脏直冲喉咙；我们害怕郁结的怒气炙烤五脏六腑。我们因为像飞蛾一样棍状的身体而感到窒息，内心积蓄已久的怒火喷薄而出。

有些亲朋好友甚至会兴高采烈地出现在一旁，像看戏的观众一样手捧爆米花，一脸惊讶，目不转睛地看着我们原形毕露。我们歇斯底里的惨状、面红耳赤的尴尬、一败涂地的窘迫都将成为他们眼中的笑柄。我们唯一的希望就是祈求这只野兽不会咬穿牢笼。

剪贴簿

能量是守恒的，它不会消失只会转移。情绪也一样。胡吃海喝只是为了掩盖长期错误而采取的短期解决方案，好比给枪伤贴上了狗皮膏药，这只能带来片刻的安宁，你还没来得及松一口气就会发现鲜血早已渗透出来。对情绪痛苦视而不见，这就是魅影女性采取的应对之策。但这根本就是在逃避。

我们的身体变成了一座自虐的活体博物馆，进行着自暴自弃的狂欢，也变成了一本剪贴簿，里面贴满了各种背叛。

魅影女性无视的各种感受、创伤与欲望其实并没有消失。情绪的痛苦依旧停留在我们体内，并且随着时间的流逝不断堆积成型，就像一座火山在慢慢积蓄力量，等待一朝爆发。日复一日，旧伤之上又增新伤，从没有被清理，也不曾被公开，更不曾被疗愈。

压制情绪其实是一种病。那些被我们强行压制的情绪会在我们体内逐渐腐蚀，慢慢恶化。那头被我们麻醉而沉寂数年的野兽也慢慢苏醒，开始用力撞击圈禁它的牢笼。

我们压抑了许久的情绪痛苦终将浮出水面。牢笼中禁锢的野兽也将重新获得力量，仰天大吼，宣泄心中的怒火。那些被镇压的情绪一定会在我们的身体上显露出来：咽喉肿痛，贫血，消化不良，呼吸困难，感冒迁延不愈，过敏等。那些我们曾吞下的情绪痛苦开始一步步侵蚀我们的细胞，释放出致命的毒素。我们的身体备受摧残，变得疼痛难忍。

牙齿

我的牙齿就好像烈日下腐臭的鸡蛋，每呼吸一口，我都能闻到它的臭味。这股难闻的恶臭只在短短几个月间就形成了。每天早上我都要彻底地刷牙漱口，而且每10分钟就要嚼上一块口香糖才能有所缓解。可尽管这样，这股臭味仍是顽疾难除，上腭、牙缝角落、口腔内壁褶皱处都有它的身影。

有一天，我正在健身房锻炼，弯腰前倾。只听得体内哪里砰的一声，虽然声音微弱，但是翻涌上来的味道却异常浓烈，酸臭难闻，就像是邋遢的流浪汉背上的一个脓包破了一样让人恶心。那是一口又黄又黏的浓痰，其中还带着脓水。它就像一块腐烂的肥肉，味道令人作呕。而这一切都是我自己造成的。

我晚上很少刷牙，要么就是抓起一把食物跑进卧室然后疯狂往嘴里一顿填塞，要么就是一边吃着甜食一边追剧，最后在沙发上昏昏沉沉睡去。有时我会半夜醒来，满嘴都是食物残渣散发的臭味，内衣的带子也深深勒进皮肤。我挣扎着爬起来挪到床边，趁早上5点的闹钟还没响赶紧多睡会儿。

我的牙龈一阵一阵地发痛，口腔里长满了溃疡，白色的圆点一个接一个，为此我疼得要命。我的舌头变得又红又肿，这个样子弄得我去看牙医都不好意思。

我们身体的忍耐是有限度的，只能够承载这么多情感痛苦。相较这些年来我们的灵魂所承受的痛苦，我们在肉体上所受的束缚与折磨简直就是小巫见大巫。

野性

我们很容易就将身体视为一切苦难的根源。多年来我们一直在想方设法地编造证据，罗织罪名，好证明身体是靠不住的。随着我们情绪上的痛苦加剧，困在我们体内的野兽就越发不受控制。我们再一次自欺欺人。

我们的身体其实是无辜的，而我们自己才是背后的始作俑者，我们利用恐惧将自己的思想变成了武器，对身体发起了战争。我们自己才是这场自我之战的罪魁祸首。

虽然这头野兽已经被我们困在牢中，昏睡不醒，但我们对它的惧怕却不减丝毫。面对它所带来的震慑，我们畏惧不前。我们根本不相信自己可以在它的野性之中找到我们需要的答案，更不相信什么释放它就是释放自己的说法。

我们既是那头野兽，也是困住野兽的牢笼。然而我们并非为这方寸之地而生。我们并非生来就惧怕自己。说是巧合也不过是谎言。我们的灵魂并不是无缘无故选择了这样的肉体。只是这背后的原因是无法在食品包装袋背面的营养信息中找到的。我们之所以减肥，是因为我们渴望通过瘦身来获取力量、爱情和自由。

但我们真正渴求的是做自己。

我们唯一的使命就是找到真心来疗愈身体上受损的纽带。我们必须释放心中的野兽，只有这样，我们才能知道自己究竟是谁。

世事瞬息万变，以一种我们曾经知道但已经忘记许久的方式在变换着，所有的困惑迷茫都渐渐退去，我们开始变得清晰明朗。就好像另一个世界吹来了凉爽惬意的清风，又好像一把钥匙打开了锈迹斑斑的铁锁。而你唯一需要做的就是打开牢笼的大门，释放困在其中的野兽，去感受它，去感受每一种情绪，去疗愈你的身体。

魅影女性从没有这样活过。我们从来都是违逆自然法则的。我们学会了深思熟虑，不再仅凭一时冲动行事。因为冲动只会带来危险和混乱，它根本无法确保我们得到想要的结果。我的脑子里总有一种傲慢、残缺的声音存在，这种声音不断地在我们脑中盘旋。我们生来就处在一堆无用的废话之中，那些人嚷嚷着为我们好，却对什么才是真正为我们好一无所知。

我们目睹了他人的人生。我们让他们的残缺与我们的残缺共舞。慢慢地，我们开始相信自己来到人世就是为了掌控自己的变数，管理自己的缺陷，禁锢情绪这头野兽。

我们很早就将情绪禁锢起来了，而且常常这么做。当我们的脑子里充斥着各种思绪时，我们就开始这么做了，这些情绪就像一场巨大的瘟疫横扫我们的人生。我们的身体由此变得四分五裂，我们惊恐万分，动弹不得。可当我们的"钥匙"一转，野兽立刻瘫倒下去，我们的灵魂随即得到了安宁。

与我们一直以来的想法相反，我们的职责不是成为一个机器人——冷酷无情地追求完美。我们的职责是打开牢笼，释放这头情绪的野兽，去真正地感受情绪，让世界见证我们独一无二的表达方式，让我们灵魂的全貌得以彰显出来。

呼唤

世上只有一个你，你就是独一无二的存在。我们中的每个人都值得被记住。随心所欲，让情绪自由抒发，因为这是你灵魂的真实表达。

你认为自己害怕情绪这头野兽，你认为自己需要一个牢笼来囚禁它。可惜你错了，你真正需要的是一颗心，一颗可以帮你打破内在那个看不见的囚牢的心，一颗可以让你停下减肥并认清自己的心。拥有了这颗心，你才能知道在不受羞耻束缚时自己究竟是谁,你才能看清在脱离了那些让你躲在角落独自悲泣的恐惧和欺骗后自己又是谁。

野性在等待你。你生来就是为了奔赴广阔的天地。他人眼中的光芒四射不过是放大了你的优点。你认为自己已经无可救药,可事实上并非如此。至于如何自救,答案已在眼前。

我们根本无须惧怕情绪这头野兽。我们真正需要害怕的是刻意压制情绪的人生。要么自己画地为牢,困住自己,要么解除枷锁,释放自己。

可能一次很难办到,没关系,慢慢来。你可以每次只感受一小段时间,也可以选择每次只释放一种情绪,一步一步,慢慢地去释放那些被你镇压、否认、深以为耻的情绪。

除此之外,你还需要了解这些。如果你跟我是一样的人,那么在你真正离开牢笼之前,你很可能会无数次想要退缩,想要重新爬回牢笼。是的,你很可能会一而再,再而三地重蹈覆辙,不过这都没关系,一切都是正常的。要知道,成为魅影女性是需要不断实践的,同样,想要解放自己的灵魂也是需要不断练习的。你可以选择坚定地相信,一切你需要真切感受的东西都已经在你手中等候你了。你要做的不过是解放自己,还自己以自由。一切就看你愿不愿意了。

第二部分

活出真我

第 8 章

命运在你手中

※

你是一只小小鸟，唧啾欢唱。你是摊开的掌心，微微颤抖。你要学会不去压坏自己的骨头。

小小鸟

控制我们的现实生活并不能让我们变得真实。但"信任"的确与我们以往的想法大相径庭。在我们以往的世界里，只有坚韧不拔、全盘掌控和精准高效才是最安全的活法，我们相信只有这些品质才能彰显我们的身份。为此我们不惜牺牲真实的自己，只为成为最完美的那个。于是真实的我们彻底消失了。在魅影女性的世界里，想要真实地感受到自己，只有通过减肥这一条路，只可惜连这条路也会很快就不通了。

为了追求完美，我们将自己的肉体和灵魂都囚禁起来了。我们向外界展示出来的只有痛苦。可是如果我们不选择打开牢笼解放自己，疗愈自己就始终只是一种美好幻想。虽然采用某些强硬手段，比如逼迫、控制，是无法建立信任的，但是仅凭信念和美好希望也无法疗愈我们内心的痛苦。所谓疗愈，并非我们体内"猎手与猎物""野兽与我"之间的一方屈服于另一方，也并非将自己的双手高举空中，高喊"拉我一把，救救我"，然后被动地等待救援。真正疗愈我们内心痛苦的行动其实是我们有意识做出的，我们需要不断努力让自己重回正常轨道。疗愈需要无畏的勇气、不断的实践以及超强的耐心，绝非一蹴而就的事情。

魅影女性不相信自己可以不受罪地活着，我们觉得自己配不上这样的人生。以前我们是不遗余力去扮弱，现在又要拼尽全力去变强。之所以会有这样的转变，是因为我们明白了自己最想要的是什么，于是开始尝试让自己变得真实。可这些却不足以让我们意识到自己的痛苦然后继续前行。这根本算不上真正的疗愈，只能算是隔靴搔痒。寻常的慰藉疗愈不了我们的肉体，只有真感受才能将我们疗愈。给自己一点时间和空间去梳理自己做过的事以及背后的缘由吧。而这又需要我们卸下武装，回到柔弱的自己。

我们似乎从没有在开阔的空间里生活过。我们所知道的不过是无尽的饥饿故事、面具和牢笼。在选择新的生活方式的时候，我们一定要给自己留点空间。"我们现在是谁？""我想变成什么样子？"在这两者之间留下一些安全的中间地带，我们才能更好地去练习，去感受，去做回真实的自己。就是这样的空间承载了你，也疗愈了你。

要想疗愈自己，第一步就是创造空间，创造一个可以让你彻底放松的空间。就好比毛毛虫进化也需要舒适的茧，没有茧这样安全舒适的环境，它便无法蜕变成蝶。又好比胚胎需要子宫，胚胎在子宫里获取养料，慢慢发育成拥有了智慧的小小婴儿，整个过程就像魔法一般。但是随着婴儿渐渐长大，身体需要更大的空间来容纳，手臂也需要空间来伸展。生长可没有任何魔法，骨头知道自己该怎么生长。

想象一只躺在你手心的小鸟，它唱着欢快的旋律，竖起明亮的蓝色羽毛。但你根本控制不住自己，生怕这只完美的小鸟一下子飞走就再也回不来了。于是你开始慢慢将手掌合上，想要留住这只小鸟。刚开始你很温柔，但是随着你慢慢用力，你能清晰地听见它骨头碎裂的声音，它的眼睛也充血外凸，然后这只小鸟渐渐在你紧握的拳头里失去了生机，终于你张开了双手，可惜已经太迟了，它的骨头都已经被你捏碎了。

你就是这只小鸟，你同时是这双残暴的双手。对魅影女性而言，扼杀自己人生的美是一条必经之路。我们被命运牢牢掌握，梦想着自由却又亲手扼杀了自己。我们必须找到让手掌停止闭合的办法。

我的同事中有许多优秀的女性，她们创意无限。有一个曾给自己的家乡拍过超棒的照片，照片里是灯红酒绿的钢筋水泥丛林。她颧骨高耸，镜框下的眼睛深邃犀利。她身材娇小，总是独身一人。虽然她拍的照片很美，但它们却并非她的灵魂之作。她的眼睛总是盯着其他艺术家，她总想着模仿别人，想像他们一样确保自己的作品都是美的。她的家庭不太幸福，多年的痛苦时光导致她寡言少语，父亲总是在她耳旁急躁地催促"快点！快点！"，而母亲则总是言语刻薄，不住地唠叨"这世道真差！"。她整个青年时期都在拼命减肥，因为只有这样才可以确保她安全。她总是在创造他人的艺术，却鲜少有自己的作品。她害怕周遭的一切，害怕任何一个孤身游荡的角落。减肥的代价远超她的预期。当她放下执念，松开拳头的时候，她的灵魂便像阳光穿破躯壳，绽放出耀眼的光芒。

我们没办法心如铁石般活着。只有松开紧闭的手掌，才能给自己抗争的机会，才能让我们的灵魂照亮我们前进的道路。我们必须释放手中的小鸟，还它飞翔的自由。我们必须坚定地相信，它终归会归巢的。我们必须坦然地接受它可能不会按照我们的想法去飞，因为它有自己的方向。

控制与盲目的信念

我们总是一边掐着自己的脖子，一边又妄想自由表达，不用想也知道这是不可能的事。当我们掐死自己的时候，自己人性的那点光也就消亡殆尽了。我们就好比老旧的水龙头，永远关不紧，生命之水就这样一点一滴地白白流逝了。小时候的我开心、快乐、无拘无束。渐渐长大，我以为自己很会玩黑色幽默，可我永远也忘不了那晚大家面面相觑的样子。

那天晚上，我们正在玩一个"评头品足"的游戏。按照游戏规则，我们要对别人说长论短，然后再拿自己开玩笑。

我们围成一圈，然后就仅凭对方的外貌依次对圈内所有人评头品足。刚开始我还感觉很自在，我觉得这个游戏十分有趣，直到轮到我对大家进行点评。我环顾一圈，屋子里几乎清一色的男人。我开始激将他们。

"你呢，比较保守。"

"我觉得你看起来比较渣。"

"你太把自己当回事儿了。"

"你恐怕是个刺客吧！"

"你太自以为是了。"

"你一点也不搞笑。"

"你这个人怕是没有朋友吧！"

一周还是两周后，我们就必须分享我们的第一个笑话。我完全没有时间准备，因为每天除了工作时间，无论早晚我都泡在健身房。

"我这么幽默，而且又聪明。"我暗想道，根本没把这个当回事。我站起身来，开始讲述一个关于一条狗的笑话，这条狗叫泡菜，是被别人从一家韩国肉厂救出来的。我说得磕磕巴巴，脸上直冒汗。

我又回到了7岁的时候，那时的我因为算错题而满脸通红，羞愧难当，恨不得找个地缝钻进去。现在，我的双手止不住颤抖。我看了看四周，大家都僵住了，他们眼神冷淡地盯着我。

没办法，我只好硬着头皮接着往下说，可是声音却越变越弱，直到最后变得无话可说。我再一次扫视了整间屋子，一堆呆板无趣的男男女女。看着他们无趣的样子，我连自己的名字都不想告诉他们。但现在我却眼神恳切地望着他们，乞求他们能配合，哪怕假装笑笑也好。我感觉自己已经近乎恳求了。我都能感觉自己的眼泪在翻涌。

我只好作罢，迅速坐下。没想到我的笑话真的成了一场笑话。我真是笨死了！

第二天我还没有恢复过来，那种尴尬与难堪还是挥之不去。于是天还没大亮我就蹬上自行车，朝着健身房飞奔而去，我想要通过健身来让自己彻底忘记这个奇耻大辱。忘不掉我就不回去。

我一向认为自己颇有幽默天分，可以做到笑话脱口而出，金句信手拈来。可那一晚，我却发现自己有多么尴尬，都可以紧张到拳头攥出火来。我真是太自以为是了，还妄想自己多么招人喜欢。

盲目信仰

魅影女性总是被恐惧支配着，我们活得战战兢兢，如履薄冰，形同傀儡。我们的价值取决于我们的腰身尺寸，食物的热量，健身的时长以及体重秤上的数字。回首望去，一想到减肥这件事占据了我人生中那么多空间、时间、能量和气力，我就想哭。因为过于专注减肥，我的其他天赋，诸如艺术、幽默和写作，全都慢慢枯萎，甚至消亡了。

魅影女性希望任何时刻的自我呈现都是处于严格管控之下的，不仅如此，我们坚信，只有不断提高对自我的要求，才能确保自己始终处于安全状态。控制是我们自己引入的模式，我们也逐渐开始依赖这种模式，但是控制是建立在恐惧的基础之上的，这就注定了它的脆弱性。而且，一旦你的人生被彻底控制，你也就完全告别了日常惊喜。

要是不弄清楚周围有几个健身房，我会连续几个晚上睡不着。要是我的男朋友约我，我一定会立即跑到洗手间，找到餐厅的网站，迅速浏览菜单，确保吃的东西不会彻底毁了我一周的辛苦锻炼。拳头，紧握。

我们害怕，一旦我们屈服于极限，自己就会变成懒惰、愚昧、恶心又平庸的未开化者。我们评价别人不好，其实是因为我们害怕自己也是那样的人。因此我们无所不用其极地瘦身减肥，直到筋疲力尽躺倒在地。我们就好像经过阳光暴晒的橘子，汁水蒸发殆尽，表皮干枯褶皱，一派了无生机的样子。

我们给自己筑起了高墙，将自己困在其中，然后慢慢收缩自己生存的空间。各种奇怪的想法充斥着我们的大脑，但无一能绕开恐惧这个主题。我们的每一个细胞里仿佛都注满了"无用"。到最后，我们自己亲手打造了一个恐怖地狱——逼仄压抑的空间让人感到百无聊赖，日复一日阴郁灰暗的日子如潮水般向我们袭来。

清单

在魅影女性的疗愈过程中，控制会让你无所适从，盲目信仰也一样。因此我们只能采取折中的办法。管他秤上什么数字，也别在意什么活动安排表。我们要做的是相信你自己的影响力。

你必须松开紧握的拳头。第一步就是接受自己当前的处境，接纳过往的自己，然后允许自己尝试新的方式。我们要做的只有接纳，允许，接纳，允许，接纳，允许！重复这个动作直到你变成真正的自己。

对魅影女性而言，接纳可能拥有不同的内涵，因为每个人的痛苦情况不同。当我选择勇敢做自己并亮出真正的自己时，我就明白自己必须停止各种形式的节食。我很害怕，因为我不知道我会把自己吃成个什么样子。我身体的每个细胞都在瑟瑟发抖，我一定会发福膨胀，我的价值马上就会土崩瓦解，这一切顷刻之间就会发生。

我不得不去看自己曾经写在墙上的话。有一天，我在上面写下了自己尝试过的每一种节食餐。我也写下了自己节食的类型、时间以及自己不能吃哪些食物。我还写到，如果我减肥成功会怎样怎样，如果我复胖了会如何如何。我努力回忆，试图想起是什么事情促使我开始第一次节食的。

写到某个点的时候，突然笔没墨了。这个点应该是注定的，因为我尝试了无数遍想要通过节食来改变自己的人生，但每一次结果都是徒劳。明明知道没用，还硬要把一件事重复一百遍，妄想出现不一样的结果，这不是疯了是什么？看来即便再聪明的女人，也会因为恐惧而蒙蔽眼睛。

讲理并不会疗愈你。在痛苦中我们是看不清方向的。但是有些时候，的确需要看见这些悲伤的重复才能解释为什么我们的拳头是紧握的。

尝试了这么多次，失败了这么多次，我焦虑吗？的确会。但停止节食我不害怕不担心吗？我也怕。我难道不怕停止节食后变胖吗？说实话我真怕。因此，我一定要这么做吗？也许吧。按理说我们一开始就没有接受的事情，后面大概率也改变不了。但在那一刻我却接受了这个事实：我不可以再节食了。

我放弃了自己所有的武器——体重秤、量杯、有跟踪记录功能的应用程序，以及那些超级紧身的裙子。我赋予自己完全的自由，我允许自己随心所欲地吃东西，想吃就吃。我也接受自己的身材走样，我唯一要做的就是做自己！做真的自己！

当一个女人说要减肥，可能好几个月之后她才开始真正行动。魅影女性之所以会选择隐藏真实的自己，是因为放任自己自由发展实在是太恐怖了。

要想真正疗愈自己，我们不能只是光说不练的哲学家。就像玩游戏需要高级皮肤一样，我们需要武器。即便没有胜算的可能，我们也一定要坚定地采取行动。当我们把自己的精力都投入疗愈之中，我们才能终结过去的人生，开启人生新局面。

选择接纳标志着你从"猎物的自己"向"自愈的自己"转变。学着如何张开手掌去生活，这可能对你来说有点陌生，但疗愈真正生效其实有迹可循：当我们创造空间使现实的痛苦得以暂缓，在这期间，当你有足够的时间去设想转变后的人生——坦荡做自己的人生、不需要费尽心思减肥的人生、疗愈完全生效的人生时，疗愈就真的生效了。

设想未来的自己

能量是不会无端消亡的，只会改变方向。当我们将自己的能量专注于自己的欲望，同时创造出空间来包容自己的脆弱时，我们就一定能疗愈自己。

要知道，不管这个世上有没有你，光阴照常流转，从不停歇。你的精力放在哪里，你的人生就往哪里发展。你唯一能控制的事情就是你投入精力的地方。

重回真实的第一步就是所谓的"设想未来的自己"。这种方法被视为疗愈的北极星，极具引领作用。我喜欢畅想《狮子王》中的主角辛巴躺在草地上的样子，星空疏朗，草地在晚风的吹拂下窸窣作响，它的父亲低下头来，宠溺地望向他。

当我们感到虚弱，忍不住又想回到从前虚假的生活，想要重蹈覆辙的时候，我们对未来自己的设想就成了最好的引导。多想想你的梦想，让梦想指引你、支撑你吧！

在设想未来的自己的时候，你会陷入无尽的生死循环之中。我们所专注的东西开始无限扩张，我们已经无法用过去毁掉自己的工具再去打造一个全新的自己。

虽然你可能不愿意听，但事实就是事实，在疗愈的过程中，牺牲在所难免，而且牺牲还不小。减肥会给你带来眩晕的快感，失败会让你羞愧难当，但如果你要改变，就要做好心理准备，无论是快感还是羞愧感你都得放弃。你会失去部分自己，因为你无法既疗愈自己又得到自己想要的一切，还什么都不想失去。如果你打算尝试新方式，那就必须放弃旧的方法。

我曾共事的女性中有很多人对自己未来的设想就是减肥。她们坚定地相信，减肥可以让自己成为众人关注的焦点。心中一旦有了减肥的想法，我们就总能让自己相信我们是可以用先进的方式减肥成功的。可这些都只是自欺欺人，这不过是在无意识中对自己未来的一种设想，而且还是破坏性极强的那种设想。

如果真的想要疗愈，那么我们就必须认真做出选择，创造出良性循环，然后脚踏实地去行动。因为如果我们还是继续将自己的精力放在减肥上，把时间用来滋养痛苦，继续迷信那些让我们不敢以真面目示人的谎言，那么疗愈就永远只是空谈。

北极星

我们的思想既有阴暗的一面，也有阳光的一面。思想就像一个收藏家，总爱收集这个收集那个，又像个修理爱好者，爱对老旧物件修修补补。它常常会自作主张，以各种几乎毁了我们的方式将我们的能量封印起来。但是当我们能够将自己的思想从武器变成魔杖的时候，它就成了我们最大的盟友、支持者，成了为我们摇旗呐喊的人。我们需要学着控制自己丰富的想象力，这样一来，我们才能看到自己真正获得自由的画面。

去创造你自己的北极星吧。鼓起勇气，心怀善意，坚定信念，大声宣告自己的人生需要什么，然后将自己设想的未来深度还原出来。我们必须想办法让自己相信一切皆有可能，将自己的能量分配到我们最想做的事情上，只有这样，我们才能不被自己羁绊，才能真正获得自由。

从现在开始吧

设想未来的自己其实就是以未来自己的身份给现在的自己写一封信，通过未来的能量促使你停下现在的脚步，然后将自己能量场产生的能量用于自我疗愈。这封信中的未来的自己也不能太过遥远，最好是一年后的你。

光不会像痛苦一样对我们穷追猛打，相反，你要去追逐它。你对未来的设想一定要让自己心动，从而让你用足够的动力去实现它。这是你的自由宣言，去描绘它吧！弄一个音乐播放列表，把音量调到最大，大到刺耳。放手去做，只要能疗愈你自己，哪怕给自己肚子上来一拳，也都不是事儿，毕竟重疾需猛药。

通过设想未来的自己，你获得了一个忠心的盟友陪你一路走下去，直到你最终能够坦坦荡荡做自己。你所设想的未来的自己将会扮演一个智慧的角色，任何时候当你感觉迷茫或者没有底气时，你都可以从对方那里获得鼓励与支持。

下面是我决定改变时写给自己的信。

艾奥纳，

我们成功了！在过去的 15 年里，没有哪一天你不是用食物去麻痹自己的情绪；没有哪一天你不是用胡吃海喝毁掉了美妙时刻；没有哪一天你训练的目的不是为了变瘦；也没有哪一天你的心情不被你的身材左右，感觉身材好则开心，反之则难过。但从此以后，你不必再这样了。

我很骄傲你能舍弃过往的自己，敢于接受帮助来让自己的身心回归一体。

我很骄傲你终于撞了南墙知道痛，毕竟一切都需要亲身经历。

我很骄傲你终于明白了情绪饥饿与身体饥饿之间的差别。

我很骄傲你终于掌控了自己的人生，而不是受制于食物。

我很骄傲你终于学会了面对逆境时该如何从容应对。

我很骄傲你终于知道了如何以一种正确的方式去奖励自己。

我很骄傲你终于不再自毁根基，自断前程。

我很骄傲你终于不用再在暴饮暴食后通过疯狂锻炼来弥补心中的愧疚。

我很骄傲你终于可以爱上自己的身体，活成真正的自己。

现在，你比以往任何时候都身心舒畅，因为你真正做到了身心合一。

你成了自己这个太阳系的中心。你勇敢、安静，充满力量和变化，你像熊熊燃烧的火球，光芒四射，每一步都在正确的轨道上运行。你拥有很强的吸引力，你想要的都会主动向你靠近。一切都恰到好处，你现在就身处最佳的位置，也是最重要的位置。

谢谢你选择相信我！你一定会成功的！

艾奥纳

魔杖

有一点你需要小心，以免落入陷阱，那便是不要用未来的自己来羞辱当前的自己。因为你很容易就会因为感觉自己与设想中的自己相差太远而心情低落。不要这么做！因为未来的自己已经站在那了，她正耐心地等着你勇敢朝她走去。

你的思想可以是向自己宣战的武器，也可以是让自己变得更好的魔杖，怎么用它完全取决于你，所以为什么不让事情往好的方向发展呢？你的身体并不知时间为何物，它只能感知事物。每一天你都必须表现出精力充沛的状态，以此昭告天下你已经不再如同魅影般生活着。既然要改变，就要从行动上体现，言行举止、穿着打扮统统都要有所体现。当你真正接纳自己后，你的身体就会体验到一种前所未有的存在感，你的疗愈就会真正发挥效用。

写完这封信后的大半年里，我都一直把它放在一个皮夹子里，跟各种银行卡和收据放在一起随身携带。因为不曾离身，这封信不断被我剐蹭摩擦，它现在已经折了角，也因为不曾离身，这封信随我日晒雨淋，上面都沾满了岁月的痕迹。即便我锻炼的时候，骑在动感单车上的我也不曾把它放下。我总会时不时打开这封信，读完又折好，来来回回，反反复复。有时候脾气来了，攥着它的手都气得直发抖，上面因此留下了皱巴巴的印迹。这封信我读了又读，看着上面那些我对自己说的话，我不禁泪眼婆娑，心中感慨万千，曾经以为不可能办到的事情，如今也都成了现实。

时光荏苒，岁月如梭，日子从来不会因为你停留。无论有意或无意，我们都在沿着自己设定的人生路线一路前行。我们小心翼翼，生怕人生出了差错。但有时我们也需要停下脚步，好好思索自己最想要的究竟是什么。设定好自己的人生目标，相信自己内心的力量，然后坚定不移地投入到自我疗愈当中去，照顾好自己的下半生。

所有你想要的都已经存在

这条路看起来曲折漫长，终点遥不可及，让人不知去向何方。你总是渴望自由，其实自由早已存在。智慧也早就在你自己的手中紧紧握着，只不过这层层包裹的人设故事，以往的苦苦纠结与挣扎，亦步亦趋的学习与模仿，以及内心深处的恐惧与自我保护，都让你选择对此视而不见、充耳不闻。

其实，展露自己内心的痛苦，做回真实的自己并不是什么难事，你只需要待在原处，静静倾听自己的内心就可以了。

你不用四处探寻，也不用特意做些什么，你要做的只是心归当下。盘腿而坐，凝神聚气，静心倾听，除了当下，其他任何事物都不过是分心的杂念。海味珍馐随他，箪食瓢饮亦随他；思瘦身减肥随他，念人生多艰亦随他；杞人忧天随他，沉湎过往亦随他。

凡此种种，皆为身外，无一紧要，无一助益。我们要做的是从点滴开始，活在当下，而非活在时间里。你可能会觉得这样静坐自处很难，但无须担心，多尝试几次就好了。

动物园

在我开启旅程的早期，我常常练习如何活在当下。当我还是个魅影女性的时候，想要活在当下无异于天方夜谭。我过去所做的都是"活在时间里"：要么渴望回到过去更瘦的时候，要么渴望未来，幻想饭后吃上一口美味的花生酱。

"我们去动物园吧。"

我看着他，翻起了白眼。这建议也太没创意了吧。但我还是随他上了车，降下车窗，一两只昆虫撞在了挡风玻璃上，噼啪作响。

目的地勉强可以称为一家动物园，但它其实更像一座破败的农场。标识痕迹斑斑，老旧不堪。门口放着一个购票的箱子，买票全凭自觉。

我扯了扯自己的衣服，好让它不那么紧贴我的肚子，毕竟我的身材正在慢慢走形，肚子越来越大，鼓鼓的就像一轮满月。我能清楚地感觉到自己变胖了，因为脸上的肉多得都垂下来了。我深吸一口气，这样就可以稍稍隐藏肚子上的赘肉。

园子里的动物是被圈养的，我们开始沿着这些圈起来的地方走走停停，最后发现有些场地是空的。每到一处我都仔细观察，山羊的角上长满了疥疮，一群白狗脏兮兮的，身上的毛久未打理，鸟儿叽叽喳喳地叫唤着，甚是无聊。我很努力地想要表现出孩子们逛动物园时的惊奇，想要活在当下。一开始我有种强迫自己的感觉，但很快我就开始喜欢这种感觉了。

"看，它掉了半只耳朵！"不经意间，几个小时就过去了。这期间我细细参观了每个场地。细到鸟儿的每一根羽毛，马、羊、鹿粗糙的蹄，我都看得仔细分明。在这种无趣的地方我居然发现了乐趣。我的心里竟然开始产生一丝想法。这可能就是活在当下的感觉吧。

控制与影响

当我们选择安定下来而不是逃离自己的人生，不再执着自己应该成为什么样的人而是接纳真正的自己时，我们就能成为更好的自己。所有我们所渴求的智慧、知识以及爱其实一直都存在，它们在你的身边，也在我的身边。它们安静地看着我们，静静地等待着我们觉醒。

你可能非常幸运，遇见能够欣赏你激励你让你开心的老师。但是当你学会如何与自己相处时，你自己也能在身体里过滤掉那些虚假丑陋的东西，也能学会明辨是非。

活在当下是用一种简单的方式来谈成长。你哪里都不需要去，你已经活在自己该去的地方了。你现在正站在自己人生的正中央，你无须崇拜其他任何人，也无须向任何人求助，因为你的影响力已经足够强大，完全可以实现自己的任何愿望，也可以在点滴小事中发现美好。你只需要静静地站在那儿，一切好事都会向你靠近，因为你充满吸引力。

静静伫立原地听起来很简单，实则并不容易，因为摔倒的次数超乎你的想象。摔倒了你可以爬起来，再摔倒再爬起来，但一次一次周而复始，你还有这个毅力吗？

你要明白，选择新的方式并不意味着选择简单的方式。在数不清的时日里，你会忘记北极星的存在，再度跌入迷茫之中。在你真正做到随心所欲、想吃就吃之前，你也会无数次与食物纠缠搏斗。

正确的道路并不就是坦途，你一路上可能照样需要披荆斩棘。你要做的，是掌控自身影响力所带来的力量，给自己的内心甚至聪明的大脑指明正确的方向。当你这样做了，所有支持你的人和事都会明白你是认真的，你心志坚定。当你这样做了，世界都会为你让道，以你为中心。只有将你的能量集中于我们心中真正所想，而不是整天提心吊胆，怕狼畏虎，你才能给自己提供源源不断的动力。在你的人生中，人来人往都不过是匆匆过客，只有你自己才是人生真正的主人。

掌握了控制与影响之间的差异，魅影女性便掌握了人生的切换键。以前的我们只知道拼命摧毁那些禁锢我们的枷锁，而现在我们却更关心什么能让我们更自由。我们终于赶在世界对我们动手前，对过往的自己有了清醒的认知。

设想未来的自己是一种智慧，这种智慧帮我疗愈了过往的自己，将我从自小以来的自我缠斗中拉了出来。它让我遇见过往，疗愈未来。

第 9 章

学会养育自己

※

    一碗色泽金黄的干酪通心面，没有豆子，也没有番茄。左手握着一只彩色铅笔，右手握着一本书。哎，这小屁孩，她要的并不多。我看着她一会儿在屋外的红砖路上蹦蹦跳跳，一会儿又趴在地上伸手去抓滚落到爸爸车下的球。她蓬乱的短发乌黑发亮，卷在小小的耳朵旁，绿色的裙裤上衬着白色圆点，膝盖处都磨破了也毫不在意。尽管左腿上有37处擦伤，右腿上有40处擦伤，但为了学会骑车，这些代价都变得值得，她脸上露出了得意的笑容。当我回忆起这些往事的时候，我能真切地感受到自己脸上泛起的微笑。只是一想起自己这些年是如何对待这样纯真的女孩的，我脸上的笑容瞬间便消失了。余生我都为此心怀愧疚。

俄罗斯套娃

小孩总是生来就招人怜爱，甚至还未出生就已经成为家人的心头明珠。他无须发声，就有一堆人争先恐后奉上真心。对很多人而言，小孩的存在本身就是一种恩赐。他明亮的双眸，小巧的鼻子，丝滑柔顺的头发无一不让人心生怜爱。他什么都不需要做，仅仅是安静的呼吸就可以让整个世界臣服在他脚下。

我们总是费尽心思，拼命减肥想要证明自己的价值，殊不知我们早就偏离轨道，与目的地渐行渐远了。通过重新与心中的小孩建立联系，魅影女性就可以更多了解上天赋予的价值。这个活在我们心中的小孩我们虽然无以得见，但她从未离去，我们也从未忘记过小时候发生的一切。说到底，我们从来都是活在圈禁的区域，从未越过雷池半步，从未真正长大。

坏女孩

有些女性很小的时候就被无情地背叛了，甚至被家暴，被遗弃，然后交由他人领养。相较之下，对很多人而言，包括我自己，我们所谓的痛苦与耻辱其实不过尔尔。尽管其他人压根儿没有在意，或者早就将之忘在脑后了，但这些看似并不严重的伤害还是在我们小小的身体里落地生根。

我的父母原本供不起我去私立学校读书，但他们还是尽力办到了。现在想想，小时候的我差不多有将近10年没有看过母亲添置新衣物，包括内衣。

我还记得6岁那年，自己第一次出现在格拉斯哥西城区的贵族女校的情景。

我换上了新校服：厚厚的绿色短上衣，衬衣上还系着蝴蝶结。这一身僵硬的装扮让我很不舒服，因为平常的我都是一身短裤配毛衣，我喜欢穿得舒适自在。

开学那天下着瓢泼大雨，母亲开车带我进了城。她领我走进学校，找到教室，认识了我的新老师。她简单地同我告了别，然后就匆匆离开了。

教室里黑压压的，四下里都很安静。我环顾四周，原来是电路因为天气而跳了闸。我立马站起身来，跑了出去并顺手闩上了门。

我快速跑下楼梯，冲出学校，雨天路面的鹅卵石格外湿滑，我摔倒了。母亲就在我眼前，正欲离去。雷雨交织，天地融为一体，望着她单薄的背影，我伸手抓住了她的衣袖。她低头看着我，一脸惊诧，我也一脸惊诧地望着她。四目相对，瞬间我觉得特别尴尬：我这是在干什么？

母亲又将我送了回去。老师冲我直摇头，一脸严肃和拒绝。他劈头盖脸地说："她跟这里的孩子可不太一样。"

我并非喜欢这种叛逆的感觉，也不是故意想要做错事然后享受被公开批评的快感。几天以后，我记得自己坐在教室里，周围都是模板印出的图案和彩色铅笔。我暗暗决定，从现在开始我要在所有方面成为最棒的学生。我清晰地记得自己的决定，那是我经过深思熟虑才下定的决心，是我追求完美的起跑线。

完美！我必须完美！既然做了这样的选择，就没有撤退的余地，我必须时时刻刻保持完美。但是如今回首遥望，我还是能够看见那个阴郁的下雨天，我灵魂的一部分奔跑在大雨之中消失不见了，只余下残缺的我孤独、恐惧、充满羞愧。

过往的一切并非就真的过去了，而是一直伴着我们前行。更准确地说，它是我们前行的动力，如同一匹安静的马，骑上它我们才能向前飞奔。我们的意识就好比一本史书，虽然书的内容写的是我们，但我们却没有编辑的权限。世界只看见我们的一面，可事实上我们这本书却远不止一页，而是厚厚一沓。都说人生如寄，我们的人设就是我们寄居的茧壳，外面层层覆盖，可我们并非一猛子扎进这茧壳之内，受困其中。我们反而更像俄罗斯套娃里那个孤单的小女孩，在漫长的岁月里，一层一层套上了面具，才成了如今的样子。只是，无人察觉到最里面那个小小的女孩早已伤痕累累，心力难支。

这个看不见的小孩住在我们心里，她的痛苦给我们的灵魂留下了深深的烙印。当我们渐渐长大，变成了完美的魅影女性，我们在古老的战场上展开了一场又一场厮杀。重新养育内在小孩是魅影女性走向真我必经的一步。我们必须学会牵起她的小手，温柔地带着她走向一个更美好的世界。在那里她无须拼尽全力就可以得到自己需要的一切，无须拼命减肥就可以得到最纯粹的爱。

内在小孩

内在小孩既是我们最老也是我们最年轻的部分，既是我们最好的时刻也是最差的时刻。当我们的内在小孩感受到安全和被爱，她就是创造力、直觉力和幸福力的源泉，只可惜魅影女性是冷酷的父母。

一次又一次的背叛把我们弄得遍体鳞伤。开始是其他人背叛我们，不管有意无意，接着是我们自我背叛。因为内在小孩没有安全感，所以我们的天赋几乎无法表达出来。

所谓的成长不过是编织的谎言。我们都是受伤的小孩，在成人的身体里闹着脾气，又因为毕竟活了这些岁数而不得不装成熟。可是骨子里的我们从来都是不曾长大的小孩，我们所经历的过往也并未随风而去。我们还是以小孩的视野在观察周遭的世界，而小孩的视野是很容易受到影响的。

内心那个受伤的小孩悄无声息地影响着我对世界的认知，也影响了漫漫人生路上我对自己的认知。当我学着去感受这个小孩的存在时，我开始觉察到她是如何满足自己的需要的。有时她会在远处低语，或者远远地躲着我，逼着我去关心她；有时她干脆滚地撒泼，大喊大叫，迫使我乖乖就范满足她的要求。

这个小孩也影响了我所有的人际关系。越长大，我就越发现自己不喜欢拥抱，而这也与别人对我的描述如出一辙。的确，在20来岁的时候，我大多数时间都伪装成强大的样子，以为这样就可以忽略自己内心对拥抱的渴望和对爱的渴求。对那时的我来说，想要得到一个拥抱的难度甚至超过跨越大西洋。

我从没听过父母起争执，因此我也不知道该如何化解情感矛盾。我会的只有逃避，好比打扫时不知如何清理垃圾，就干脆把垃圾扫到地毯下，眼不见为净，因此感情里的那些弯弯绕绕真的令我心生畏惧。我特别害怕这种不安全的感觉，认为感情里一旦有了分歧就意味着走到了尽头。我相信，如果一段感情不能安安静静和和气气，那一定是出了问题。而且，我的感情持续的时间越久，我就越害怕越不安。如果对方让我难过受伤了，我非但什么都不会说，反而会去取悦对方，因为我相信，只有这样做，他们才不会离我而去。

智慧养育

为了疗愈我们的内心、坦然做回自己，我们就必须变成自己都不曾拥有过的聪明父母，好让心中的小孩获得安全感。这么做不是为了责怪谁，更不是在责备我们的父母家人，他们已经尽了最大的努力给我们以关爱。重新养育我们的内在小孩是我们的职责所在，只有这样做她才不会再感觉自己被抛弃被冷落。同时，这些年来追求完美剥夺了她的快乐，设法唤醒她心中的快乐也是我们的职责之一。我们必须允许她失败，让她不用再总是为失败的后果提心吊胆，让她可以无忧无虑地玩耍。我们必须让她相信，我们对她的爱是无止境的，也是无条件的。

一直以来，我们都是拿着刀在追杀那个小孩。所有的魅影女性都是如此，无一例外，所以我们的内在小孩从来不知什么是爱，不管是从别人那里，还是从自己这儿，她都从未感受过爱意。我们必须从头来过。

一直以来，你都是选择转过身，忽略她，一次又一次地伤害她，又有什么理由要求她相信你呢？她的经历仍旧历历在目，但同时也给你提供了看见过往的窗口，让你看看自己是何时开始从她的世界里消失的。知道了这些，你才会明白，安慰你的内在小孩本就是你应该承担的责任，你必须向她许诺，再不会把她独立扔在寒风中。

魅影女性缺乏耐心与温柔，而这偏偏就是我们的内在小孩所需要的。你教会了她一些事情，反过来她也教会了你一些道理。在疗愈这件事情上也是如此，我们要与对方互动，彼此疗愈。

伸手

想要重新养育内在小孩，第一步就是重新与其建立连接。闭上眼睛，尝试回忆儿时的画面，不用刻意搜寻，那颗最明亮的星星会引领你，你会有足够的时间回忆起所有自己需要的画面。

想象你正远远看着自己心中的小孩，细细观察记忆里的一切：你在哪里？穿着什么样的衣服？你和谁在一起？完全凭借你的感官感受这一切，让回忆的力量席卷你全身。

我还记得第一次遇见我的内在小孩的场景。那时我还很小，大概只有五岁，我正与我的哥哥在外面奔跑追逐，开心地玩着进球游戏。那时的我喜欢打打闹闹，精力充沛，无所畏惧，活脱脱一个假小子，但偶尔也有甜美可爱的一面。看着她，我突然有了一种陌生的感觉，那是爱的感觉。那种感觉十分强烈，就好像石油被瞬间引爆，烧起熊熊大火。我看着眼前这个小女孩，怎么看怎么喜欢。我想象自己慢慢向她走去，伸出双手温柔地将她揽入怀中。顷刻之间，我明显感到她心中的冰块正在融化，我哭了，彻底卸下了心防。我想她也一定哭了。

从我开始重新养育内在小孩的那时起，我就将一张儿时的照片一直保存在手机里，一度放了数月之久。我发现自己越来越喜欢看见她的笑脸。

渐渐地，我的内在小孩也对我敞开了心扉。当然，并非所有的女性都是这样，但对许多人，尤其是那些出于某些原因刻意回避童年记忆的人来说，我们的童年就是个充满神秘感的谜。你可能不记得童年时期的事情，你甚至可能对心中的小孩心怀抵触。她也可能怀揣着同样的感受。别担心，试着把这些摩擦当作了解彼此的机会，去感受，去共情，因为你有多受伤，她就有多受伤，你承受了多少，她也承受了多少。

不要想着强行去感化她。我们被猎杀时的伤口一直都会存在，我们无法彻底将其抹去。我们也不能指望一个小孩会在毫无理由的情况下信任我们。如果你的内在小孩不愿意与你建立连接，不用沮丧也不用急躁，尊重她的决定，明日再试就好。

问更好的问题

养育内在小孩的第二步就是倾听。过去作为完美小孩，我们从不知如何表达自己的需求和恐惧。对于内心的感受，我们从来都是闭口不言。如今我们换了新角色，担起为人父母的职责，我们必须给内在小孩表达自我的机会，让她勇敢说出自己的感受和需求。

当你开始处理儿时的记忆时，试着多提一些友善的问题。慢慢地，等到你内在小孩完全信赖你了，以后任何时候当你感觉与自己断联，你都可以通过问自己这些问题来进行重新连接。

"你现在需要什么？我该怎么做才能更爱你？"不要去揣测答案，安静倾听就好。通常情况下你听到的答案不过是非常简单的请求。我的内在小孩会凑过来轻声耳语道："抱抱我，我累了。"当我伸出双手，她小小的身体整个躺倒在我怀里，一时间我心中既尴尬又愧疚，这些年来她是多么孤单无助啊。接下来你要做的就是倾尽全力去爱她，满足她的一切需求，改变她对你的排斥，强化她对你的依恋，让她充满安全感。通过倾听她和奖励她，一点一点将你和内在小孩融合在一起，找回那个纯真的自己。

透过她的眼睛

养育内在小孩的第三步是引导。通过孩子的视角来体验我们的人生，是以一种很美妙的方式去重新融合我们天真烂漫爱玩闹的那部分。毕竟那一部分的我们已经被压抑得太久了。

孩子们年轻的心可以帮助魅影女性学到太多太多。我的侄女就是我最喜爱的老师之一。孩子的心情就跟天气一样，几分钟之内就可能变幻数次。她会一连数个小时捧着绘本《小蛇桑米》看得津津有味，也会毫无顾忌地玩泥巴，笑起来的时候，咧着缺了牙的小嘴，就像一座闪亮的灯塔般光芒四射。然后，突然不知怎的，仿佛天塌了一般，她又开始哭着喊着满地打滚。

没有哪种颜色可以概括她的脾性。她就像彩虹一样包含各种颜色，每一种颜色都重要、都真实。她的心能直接反映出真实感受，也不会因为感受剧烈而生出畏惧来。她的心活在当下，极为强大。而对所有魅影女性而言，当下都是从未踏足的异国他乡。但尽管如此，我们还是要学着走进这个国度。

我的母亲总喜欢说起我"几乎变成聋人"的故事。我在新生儿听力测试中没能过关。机器嗡嗡嗡不停地响，我却没有任何反应，医生们逐渐面色凝重。

然后我被迅速送到专家处面诊，进一步检查终于确定我没有听力障碍，我只不过是被周围的世界迷住了。比起令我沉醉其中的周遭事物，那几声嗡嗡嗡声简直毫无趣味，丝毫不能引起我的兴趣。

内在小孩被压制了数十年，她对我感觉陌生一点也不奇怪。为了改变我们之间的关系，我需要做出很大的努力。

因为总是不断地想要证明自己的价值，我们反而忽略了日常的生活，使其失去了应有的色彩。当我们全身心投入与自己的战争时，我们的确没有时间去尽情放纵自己，也没有时间去天马行空地想象。我们一边鄙视任何浪费光阴的行为，一边害怕心中那个懒家伙会突然有了勇气，想要在桌上翩翩起舞。我们害怕一切不守规矩的事物，所以我们一直都小心翼翼，循规蹈矩。

以前的我喜欢给自己缝衣服，我会大胆地将头发弄成非洲样式，想要画画就可以一画好几个小时。但是经过几年时间的健身减肥之后，我的世界仿佛变得一片灰暗，毫无亮色可言。我特别想拥有各种颜色，哪怕不是最喜欢的黄色也无关紧要，我对颜色的渴望一点也不亚于食物和爱情。

在重新养育内在小孩的过程中，我再度激活了自己对事物的惊奇感。对内在小孩的引导也能够帮助我与沉寂已久的快乐和创造力重新建立联系。只是一旦我害怕别人对自己进行评价，这种刚刚失而复得的自由又会变得既陌生又难受。

变得无忧无虑不是一蹴而就的事情。你可以试着让你的内在小孩挑选一个自己喜欢的活动，或者决定晚餐想吃什么，通过这样与她建立信任的桥梁。这里唯一的要求是你必须无条件接受她的选择和决定。我开始的时候是让内在小孩每周一为我挑选衣服，现在我买什么都听她的。我们一起享用了很多鸡块，甚至我还让她决定我的发色，这就是为什么我现在的头发是粉色的。

当你允许自己通过孩子的视角来体验生活时，你其实也敞开了心扉去接纳平凡的快乐，看到了最简单事物中的美好。金黄色的向日葵，美味的巧克力棒，无一不显得美好，就连盯着一只狗看也觉得妙趣横生。当你认真倾听心中所爱而不是拘泥于自己应该做什么时，你就会惊喜地发现，自己沉寂的心居然再度怦然跳动，恢复生机了。

你一定会被震撼到，即便是允许自己在最小的角落里畅快玩一把，也会改变你对自己的看法。

废弃的乐园

刚开始重新养育内在小孩的时候，也许你会感觉无法爱上自己，但你也无法否认自己对内在小孩的爱。我的一个同事曾经将自己的身体描述为一个防水的能量场，水都渗透不进，更何况爱。尽管她意识到了自己的痛苦，却无法触及它，直到她遇见了内在小孩。看见自己如此弱小，如此惹人怜爱，她的内在小孩扮演起善良的特洛伊木马的角色，从内部为她打开了这座废弃乐园的大门。

长大了你就会更了解这种感受。就让你的内在小孩打开你尘封已久的内心，温暖你内心最冰冷的角落吧。

智慧养育没有终点。你必须时时刻刻都在那儿，陪伴着自己。如果你愿意一直牵着内心那个小孩的手，你们就可以一起解决问题，修补关系。通过重新养育内心那看不见的小孩，魅影女性变得越来越真实。在照顾她的过程中，你最终会敢于直面内心深处被长期忽视的痛苦。一直以来，你都隐忍得太深了。一旦黑暗里有了足够的光，再冷的冰川也会开始融化。

第 10 章

如何融化
情绪的冰川

※

融化

魅影女性的世界里向来都是非黑即白，要么爱得轰轰烈烈，要么恨得彻彻底底。在很长一段时间里，我们都是横眉冷面，慢慢让自己变得冷若冰霜。结冰的过程缓慢而隐晦，我们的消失过程痛苦又漫长。因此融化情绪的冰川需要等很长的时间，一点一滴，汇聚成溪，千万不要心急。我们不能以自己被猎杀的方式来疗愈自己，而是要寻求缓和的方式，这也是我们一直想学的。

如果你将一个婴儿扔到海中，叫他喝水，那么不用多久他就会被淹死。如果你递给他奶瓶，那么他就会吮吸，然后明白你的用意。同样的道理，如果你想疗愈自己内心的冷酷，那么你也需要慢慢来。至今为止，你一直都在用恐惧统治你的王国，你会的只有麻木。但现在你站在这儿，正在开启一条新的道路，没有鲜血四流，也没有恐惧弥漫。

给你自己一个机会，允许自己也可以不擅长游泳。不要操之过急，因为这样反倒会让你因为对自己的爱而扼杀自己。当你把自己的一生都封禁在黑漆漆的冰窖中，爱自己就无从谈起。有时候你急于表现出爱自己的样子，结果往往适得其反，你反而让自己落入虚假的炼狱之中。

身体是有记忆的，它就像一本有生命的日记本，记录着所有痛苦的回忆。在我们的肚子里保存着寒冷和刺痛的证据。我们的疼痛是深入骨髓的。我们就像可怜的小孩，身体被冻得瑟瑟发抖，特别渴望一个温暖的拥抱。

情绪的冰川给我们的人生投下了长长的阴影。似乎除了欲壑难填，我们再也感受不到其他情绪了。而这一切都是我们自己给自己挖的坑，自己从背后捅了自己一刀。试问身处这样的境况又怎能感受到爱呢？

融化情绪的冰川其实就是避免极端，寻求中庸之道。魅影女性向来都是冷酷的扑克脸，在标榜自己的感受这件事上可以说毫无经验。别人说我们目空一切，我行我素，对此我们的确心中有愧。我们的人生其实不仅单调无趣还很极端化。

随着你慢慢融化自己的情感冰川，你就不会再期待自己事事尽善尽美，很快你就会觉察到自己的生活有了明显的变化，或者突然感到一股自爱的暖流，将自己的灵魂都温暖了。然后你就可以坦然接受现在的自己。

不要再为尚未发生的明天担心了。当情绪的冰川开始融化，你就不必再追求完美了，允许自己有所欠缺，慢慢练习，直到让自己拥有平和的心态。

直达中心

柔和的心态是练出来的。多年来，周一都是我重新开始的日子，也是我再度投入健身减肥中去的日子。每周一我都会控制饮食，吃得很少，而且拼命锻炼直到累得趴下才肯停下。大概是因为周末总是胡吃海喝，所以我在这一天总是心中羞愧。

自我疗愈的第一步就是给自己的星期一放假。我给自己定的规矩是，周一我除了上班和回家其他什么都可以不做。

我对自己执行这条规矩的第一个周一记忆犹新，那天我第一次睡到了自然醒，被阳光唤醒的感觉真好。我还去了附近的小花园散步，我太喜欢那个地方了。自我初遇现在的男朋友起，我们在那里留下了太多美好的回忆。葡萄藤顺着白色的石柱向上攀爬，阳光透过叶片间的缝隙，洒下斑驳的光影。

我找到一块低矮石墙，跃步其上，盘腿而坐，手中拿着一本笔记本。

"我究竟是个什么样的人呢？"我发现手写答案时自己更容易坦诚，因为笔尖落在纸上的压力会让我更冷静地思考，笔杆握在手中的触感会让我更真实地面对自己。

"我这么胖。"

"没人会爱上这样的我。"

"我这么虚假。"

"我永远也不会幸福吧。"

"只有我拼命健身时还有点价值吧。"

…………

我把这些想法都写了下来，成百上千个想法布满了一页又一页纸张。当我指着这一个个想法慢慢细读，我仿佛看见文字化作一条条线编织在一起，变成纱布，覆盖着隐隐渗血的伤口。

"我不值得被爱。我不信任自己的身体。"这是根植于我内心深处的想法，也是我的一部分，这种想法就好像癌症一样，迅速地从肠转移到肺，再转移到大脑。

我总认为自己是个复杂纠结的个体，也一直觉得自己早已遍体鳞伤。但事实并非如此，说到底只有两件事伤害着我。我怔住了，一切似乎都还是有希望的。今天能做到这些已经足够了。

有了这样的新认知之后，也没必要特意做些什么。我们不能操之过急，毕竟冰冻三尺非一日之寒，我们无法让这样冰冻的身体像黄水仙一样，一看见春日的阳光就立刻绽放。我们的身体还没有足够的安全感，因为我们大半辈子都在扼制自己的声音，用节食来驯服自己的身体，靠麻木来忍受自己的痛苦，我们的思想却从容地扮演着发号施令者的角色。我们的身体或许也在保护我们免遭更深的伤害吧，毕竟这样的伤害是我们没办法熬过去的。

与我共事的女性当中，有一位曾描述过自己的身体被困在一个棺材形状的能量场当中。她的身体毫无知觉，麻木成了她的安全网。当她开始依靠自己的身体时，瞬间感到一双黑手从她的喉咙处伸了出来，生生地将她的声音拉了下去。这双手拼命地恳求着，想要守护一个秘密，一个她还未想好是否要吐露的秘密。但最终，通过多次耐心尝试，通过练习调整呼吸，加上慢慢积聚起来的勇气，她终于成功了，灵魂和身体走向了统一。她的这份勇气也让我每次想起她时都震撼不已。

对她以及很多像她一样的人而言，这并不只是一件关于决定去恢复心情的小事，而是在时间里慢慢融化情感寒冰、修复身心的切实行动。所有的魅影女性都可以不再隐忍克制，而是将自己的痛苦坦坦荡荡地展现出来，只是有一点，融化寒冰必须在柔和的阳光下进行，必须慢慢来，不可急功近利。

自我意识死亡

我们都想要觉醒，也想要破壳重生。一时间，心下空明，世事皆虚，却也万物归一，心有寰宇。我们终于夙愿达成，拥有了梦寐以求的身体。我们再也不用苦挨到生病才进食了。

所谓疗愈，其实是有一个衡量标准的，但对那些用各种规则限制自己，用体重秤上精确的数字苛求自己，甚至给自己设定瘦身目标截止日期的女性来说，这个标准却很难达到。我们所做的不过是在自我毁灭，如同身处迷雾之中，只是朝着自己认为正确的方向前行罢了。温柔、脆弱、随意都离我们太远了。所以仅仅是相信这个疗愈的过程对我们来说都是一个新奇的想法，更别说在这个过程中我们还会在内心产生恐惧。

我们害怕一旦松开紧握的双手，自己就会失去现在拥有的一切。我们也害怕当自己开始放低生活的标准，周围的人会说我们胖，说我们懒，或者说我们狂妄自大。一想到自己有朝一日会变成那些我们曾经明里暗里瞧不起的平凡又无趣的男女，我们就不禁毛骨悚然。

即便你想要自我疗愈，你还是会发现自己身处一场没有硝烟的战场：你开始沉醉于那些摧毁你的事物。对我来说，我总是在凌晨3点饥肠辘辘地醒来，脑子里翻来覆去地进行正邪较量，这将我折磨得近乎崩溃。如果我不完美了，那么我还是我吗？我不能再这样追求完美了。但是如果我变胖了，那么周围的人又会怎么看我？我还不如死了。我会不会变成一个无聊的蠢蛋？要是变胖了我还会爱自己吗？各种奇怪的想法在我的脑中翻来覆去，挥之不去。

感到害怕没什么可羞愧的。魅影女性心中都有一道深深的血淋淋的伤口，可这道伤口却也让人肃然起敬。当我们开启这场漫长的疗愈之旅，那些进入我们脑海的恐惧不过是这个伤口在表层的表达。

其实，所谓的伤口，不过是对我们灵魂上这道伤的粉饰。数年来我们昼夜不分地拼命证明自己的价值，让这道伤愈加恶化，越变越深，甚至积脓溃烂。

在你疗愈的过程中，不要试图无视这些恐惧，因为那样会让你变得虚伪，你要做的是伴着这份恐惧前行，去抚慰它，让它不再受到压抑。只是，切记不要让它左右了你的意志。

面包屑

恐惧会让你睡在一床钉子上。如果你真的躺下去，这些锋利的钉子就一定会刺穿你的皮肤，让你千疮百孔，血流而亡。就算你意识到了这些，挣扎着坐起，用双手撑起自己想要爬下床也并非易事。

疗伤本就是痛苦的，毕竟这是你打破过去的自己涅槃重生的过程。所谓的伤其实也就是你过往的自己，换言之，你就是伤，伤就是你。你身陷其中，无法置身事外。即将告别苦难的过往会给你带来一种失落感，让你心中惶惶难安，但其实这是再正常不过的反应。

你目睹了蜘蛛是如何结网的，参与了自己的减肥过程，也戴了这么久的面具，更将心中的巨兽困了如此之久。你已经孤独太久太久了，你的痛苦已经在你的身体里蛰伏太久了。

你的灵魂正在呼喊："让我出去！"让我们向这声呼喊致以崇高的敬意。也许它给你的感觉并不真实，但你还是感觉到了寒冬之中的温暖。

你就好像一只小小的动物嗅着了春露的气息，爬出洞穴一探春天的足迹。你眨巴着迷离的双眼，大地回暖了吗？冰雪消融了吗？灌木丛里不知道有没有结出美味的坚果？为了确保自己可以安全地离开洞穴，你开始蹑蹑窣窣地四下收集面包屑。这小小的面包屑就是确保你安全的证物，因为太小，你稍不注意就可能会错过。

而你疗愈的过程也一样，你耐心而温柔地探寻着让自己安全的证物。你刚刚经历了一场残酷的战争，身体正在慢慢复苏，但它却并不完全信任你，同样地，你也并不完全相信它。所以你必须时刻小心谨慎，关注每一个细节，去捕捉每一丝稍纵即逝的感受、每一个勇敢的行为，因为只有它们才能让你安心融化心中的冰原。终于你寻到了一些友好的念头，放下戒备让自己沉沉睡去，毫无顾虑地享受美食，重新牵起内在小孩的手。

这些面包屑虽然不起眼，但是聚集起来却能让你收获无穷的力量。你一定要让自己用心地去感受每一片面包屑所带来的暖意，因为就是这股暖意引领着你跨过大桥，越来越接近疗愈的目标。每一片面包屑都重要，纵然再小，也不可轻视。到了卸下枪支弹药、学会握住魔杖的时候了。

创造空间

收集面包屑的第一种方法就是创造空间。当我们熟悉了对自我施暴这门艺术，那么在自我认知、减肥，我们亲手编织的故事网以及我们佩戴的各种面具之间就毫无空间可言，一切似乎都紧密相连，浑然一体。我们与痛苦、恐惧和悲伤、落寞牢牢地捆绑在一起。而这种紧密性又会蒙蔽我们的双眼。我们需要暂时从各种情绪中抽离出来，让自己拥有喘息的空间，不再与痛苦有任何关联，而是以旁观者的角度细细观察当下。

魅影女性早已习惯了自己的各种思绪和感受。当我麻木的时候，我会突然思考自己的体重，然后心中便陡然升起恐惧感和罪恶感来。上一秒还在吃东西，下一秒就决定再也不吃了，或者开始思索如何减肥，计算每日摄入的卡路里。我就像一个垃圾桶，不断接收各种不安的情绪，然后用饥饿、食物或者恐惧将这些情绪胡乱压成一团了事。我从未花过时间去加工处理这些情绪，并从中吸取经验教训。我也从未真正创造空间去理解这些情绪的源头——那道不停往表层输送情绪泡泡的伤口。

当我们与自己的情绪捆绑在一起的时候，我们容易变得敏感，一点就着。我们将自己定义为真性情，给自己贴上各种情绪的标签，比如"我这人一文不值""我贪得无厌""我奇丑无比""我控制不了自己"。

如此种种，也难怪我们沉迷于自我逃避，也难怪我们慌不择路。为了淡化这些想法和情绪，不管身边有什么东西有什么人，我们都当作救命稻草般紧紧抓住。我们使尽浑身解数，用尽各种办法，就像一群天鹅在光滑如镜的湖面滑行，假装自己很完美。

我们所拥有的情绪其实并不能证明我们是谁，它们不过是我们身体里的一股能量流，携带着特定的信息。恐惧其实与喜悦一样有用，而焦虑也与无聊一样有用。我们平静的状态并不是真正的幸福。我们只是静静地强化着这非黑即白的想法，将自己封印在情绪的寒冬之中。

你能变成容纳自己痛苦的太空吗

想象你自己就是浩瀚无穷的太空，深邃幽暗之中星光闪闪。你拥有无限的空间来容纳世间万物。在你无穷无尽的空间里，任何感受都可以存在，深沉麻木的悲伤，忘乎所以的喜悦，冷酷黑暗的恐惧，说来就来的焦虑，最深最真的爱意，最烈最狂的愤怒，无一不容，无一不包。

但你要记住，这些情绪并不是你本身。它们是太空中的各色行星、恒星；它们是黑洞，是隐秘的角落，是无边无际的太空中飘浮着的各种岩石块。它们飞速经过，然后消失不见，仿佛一切都在电光石火之间，快到你都来不及了解它们。

当你觉察到不安的想法或情绪从你的身体里浮现时，停下来，放低你的双眸，慢慢吸气，去感受它们的存在，它们便成了你无尽太空中独立于其他的特殊存在。

尽管你的注意力都在这些想法或情绪上，但它们却不是你。你不是任何一种想法，也不是任何一种情绪，你是这些能量存在于其中的浩瀚太空。就让这些想法和情绪飘浮在太空之中，你只需要静静观察，就好像你在观察一只罕见的鸟儿一般。培养这种观察的力量，而不是轻率加以鉴定，这样做可以帮你从容进入融化冰原的状态。轻声问自己："你出现在这里是为了教会我什么？"然后耐心倾听并回答。这个答案会把那道伤口呈现在你面前，而这就是你日后需要照料的伤口。

暂停现实

收集面包屑的第二种方法就是暂停现实。魅影女性早就明白，想要将痛苦清晰地表达出来，唯一的方法就是减肥。所以，选择停止节食，允许自己随心所欲地吃喝并不是一个轻松的决定。我们对所有食物的营养成分和卡路里都了如指掌。不仅如此，我们还有充分的证据证明，一旦我们吃了自己想吃的食物，我们就会忍不住狂吃一整周，根本停不下来。因此，即便当我知道自己不得不停止节食时，内心还是充满恐惧的，我害怕自己每次吃到"坏东西"的时候都会暴饮暴食，一发不可收拾。直到我有了充足的反面证据，我才摆脱了这个故事对我的挟制。

渴望

我们一直渴望得到的东西是吃任何食物都永远无法满足的。而我们唯一需要做的就是允许自己无拘无束地享受美食。

类似的话我已经听了一遍又一遍，耳朵都要起茧子了。"我就是管不住嘴巴！""我对糖上瘾了。"我曾经有个同事几乎半句话离不开巧克力杏仁饼和爆米花。她的故事显示了"假缺"的力量，也揭示了"假缺"的原因。当我们假装某个东西很少，其实是因为我们想得到更多，比如爱、关注和食物。即便我们没有吃喝，我们的脑子里还是充斥着想要吃喝的欲望，甚至除了这个别的什么都容不下了。因此，我们相信自己彻底上瘾了。

可是，我们并没有上瘾，我们只不过是在经历"假缺"而已。我们没有什么完美的方式来停止节食。我们能做的只有试着不去用一些强化评判或是凸显你犯了错的语言，来描述你的饮食。不要再说什么节食啊，暴饮暴食啊，分量啊，连"快餐""自欺欺人""严格控制""卡路里""体重秤""碳水化合物"这些字眼都不要再提。你就尽管随心所欲地吃就是了。别看这只是一个小小的转变，它却可以将你从无休无止的节食评判中解救出来。

你能吃掉那头大象吗

无论是停止节食，停止胡吃海喝，还是停止想要限制自己的冲动，这些都不是你想做就立马能做到的。你必须找到放松的心态，在你最终能够坦然面对食物之前，你会有无数次觉得不安，而这一切都是正常的。

想要从食物中获取力量，最简单的办法之一就是每次只吃一小口。停止节食后的一天早上，我去公司附近的商店买了一个新月面包。我在店子里逗留了许久，琢磨着要买哪一个，最终选定了一个蛋奶沙司配樱桃蜜饯的。我在办公室厨房找了一个深灰色盘子将面包放在上面，然后端到我的办公桌前。

一口咬下去，我的牙齿立刻陷入浓郁的蛋奶沙司之中，脆脆的面包在口中被咬得嘎吱作响，我的嘴唇上也覆盖了一层厚厚的黄油，吃到如此美味我竟一时情难自已，心中喜不自胜。可接着，我的内心生起一股恐惧来，它悄无声息地将我整个吞没其中。那时正是早上9点，要知道在这个时间点吃新月面包可是极为危险的事情，吃一个就意味着停不下来，会一直想吃，所以这是被严格禁止的。

至少，这是我的故事，这是我的时刻。我能站在这儿，在恐惧的海洋里，与自己待在一起吗？我能收集到面包屑吗？我静静地站着，允许自己感受所有的情绪。而对办公室的其他人来说，我只不过是站在窗边静静地吃着早餐。可在我内心深处，我正回忆着过往的人生，数十年的苦楚在我脑海里走马灯似的闪现，读书时因为饿得不行而躲在学校厕所里拼命往嘴里塞东西的场景历历在目。为了监督锻炼的效果，每周我都会拍一堆照片，手机里已经被塞得满满当当。身体肥胖，一脸悲伤。我在想这是不是就是我以后的样子？对我这样善良的人来说，这简直就是噩梦。

我站在那儿，继续咀嚼着面包。仅仅因为我早餐吃了一个新月面包，我的整个人生就颠覆了，这听起来有点疯狂。但不得不说，一边吃着新月面包一边感受自己的情绪是一种勇敢的表现。

每次我们允许自己吃东西，我们其实都是在吃一头大象。而这头大象与我们的食物和身体并没有什么关联。它可以是任何我们投射在自己身体上的事物。

这头大象只是想要被看见。数年来无人关爱，数年来拼命减肥，数年来自暴自弃，数年来羞愧悔恨，数年来深深受伤，我们都选择了隐忍、压抑、不发一声。可就在吃这么一个便宜的新月面包的时候，我却清晰地看到了这一切。

一次只吃一口，我们的疗愈也需如此，慢慢来。我知道这并不是你想要的答案。你想要的是能够坦然地面对食物，你想要快速地改变过来，看到效果，希望能立刻摆脱昨天的自己。但那样是没有用的。

令人感到欣慰的一点是，从食物中获取能量对你来说已经变得越来越容易。从此刻开始，你要做的就是一口一口地吃掉这头大象，不用管任何饮食方面的规定与限制。

当你的身体意识到它不是在为自己的人生奋斗时，你与食物的关系就进入了一个新的境界。当你一边吃着东西，一边观察着心中生出的各种情绪的时候，你就将所有这些无价值感、恐惧感、羞愧感与悔恨的感觉一并咀嚼了，你开始意识到自己可以放心大胆地想吃就吃。信任就这样慢慢产生了。

之后我很少在早餐时吃新月面包。但这个决定是在我心中有爱时做的，并不是因为害怕才不吃的。要是我想吃，我随时都可以吃。而这份想吃就吃、想不吃就不吃的自由，我是决不会视为理所当然的。

供给智慧

收集面包屑的第三种方式就是借用勇气和智慧。魅影女性都拥有聪明的大脑。我们将设想打造成现实的能力可以说是令人惊叹的。只是我们一直以来都把自己的魔杖当成了武器，打造了一个狭小的、充满恐惧的世界，身处其中的我们变得毫无价值。为了拓宽我们的现实，我们可以通过从未来的自己那儿获取智慧来收集更多的面包屑。

你需要随时随地都将未来的自己带在身侧。你要假装自己已经痊愈，你要表现出完全康复的样子。想象自己吃东西的时候从容淡定。当你正在与减肥的想法正面相抗时，问问未来的自己有什么想法，给未来的自己以助力。让未来的自己的智慧像夜空中的星星一样引领着你。要不了多久，受伤的你与疗愈的你之间的那道鸿沟就会消失不见。

冬日暖阳

每个冬天都有它的转折点。一旦到达这个转折点，冬雪就会消融，路面雪泥相混，点缀着狗爪印和它们的尿渍。融化的冰雪渗进大地，路面变得泥泞难行。冬日暖阳下，只剩下几处厚厚的冰块在那里负隅顽抗，直到烈日将它们化为道道水流。

我们的一部分痛苦将会进入寒冰期，那些久远的痛苦将被永远封锁在我们的身体里。它们会一直坚守在那儿，直到我们完全准备好将它们融化。

疗愈的整个过程听起来如同冰川雪崩，气势恢宏，实际上却是春风化雨，润物无声。这个过程表面上看起来更是与平时无异。

去感觉这乍暖还寒时候阳光渗入身体的柔柔暖意吧！这是在轻轻地告诉你，你又重生了。在你一开始寻找面包屑的时候，冰雪就有了消融的迹象。随着你找到越来越多的面包屑，冰原已经慢慢融化了。

暂时驻足在明日的承诺里吧。当你感觉自己又爬回了冬眠的洞穴的时候，就去寻找一片小小的面包屑，至少让自己的鼻子露出地面。你要学着让生机重回自己的躯体中还在沉睡的部分，不要着急，不要放弃，一遍又一遍地尝试，直到成功。

建造一座通往自己身体的桥，让身心相连，这样你就可以敞开心扉，让阳光照进所有阴暗的角落。

第 11 章

与羞耻言和

※

　　我总在一旁静静观望，看着父母以一种我从未见过的温柔态度宠爱着她，她的手生来就是为了拥抱，她敞开的心扉明朗光亮。我假装不在意，却忍不住观望，然后我目睹了一切。她细细咀嚼着柔软的白面包，而我却差点被硬邦邦的面包皮噎住。看着她如此依赖父母，我一脸不屑。

　　她生来就无忧无虑，普普通通，却也舒舒服服。柔软的皮球，温暖的怀抱，宽阔的肩膀，她想要就有。但这些都不是从我这得到的，我的存在只是为了提醒她她有多没用。我的话就像刀子一样，朝着她最柔软的地方扎去，一刀又一刀，缓慢而沉重。"你知道自己有多蠢吗？""你太没用了！"我将自己内心的阴影一股脑地投射在她的身上，而她却只是笑着说自己希望能变得跟我一样。

她爱憎分明，而我却不是这样。她想要的不过是我爱她，而我却想要她明白，在我眼里她什么也不是，我的心里完全没有她的位置。这种羞耻感真是太美妙了，像在大口吃肉，肉味十足还很温暖，我吃一辈子都不会腻。

小妹妹，我很抱歉，在我为自己的人生奋斗时我竟如此待你。你不必原谅我，因为我正试着原谅我自己。

羞耻

开始之前，请拉出一把椅子坐下，以免你由于太震惊而摔倒。因为现在要开始羞耻时刻了。没有人做事是毫无目的的，魅影女性也一样。即便当我们的选择听起来毫无道理，甚至有些残忍，或者像是在自我毁灭，其背后也都是有缘由的。当你开始唤醒自己的痛苦，看见自己在追求完美的背后使的那些手段，羞耻感便会源源不断地向你袭来。当你开始审视自己是如何在错误的地方费尽心思，如何背叛自己，如何伤害那些无辜的人时，你就会感觉自己仿佛跌入黑暗的深渊，整个被黑暗吞噬。

所有的魅影女性都有羞耻的一面，这些羞耻如同黑色阴影，始终与我们相伴相随。面对我们做过的事情，感到无地自容是再正常不过的了。当我们无法达到为自己设立的标准时，我们的眼睛里就只有这个标准，我们拼了命也想要达到它，全然不顾自己的行为会给别人带来伤害。尽管我们的所作所为也不全是坏的，但终归是无法原谅的。如果我们真的要坦然面对真实的自己，我们就必须学会爱上自己阴暗的一面，像接受自己光鲜亮丽的一面那样接受它。

我们的身体并不能感受羞耻的等级。羞耻有一种超乎寻常的能力，哪怕你的身体只出现了一丝裂缝，它都能想尽办法钻进去注入恐惧，可谓真正的无孔不入。它就像稳坐你腹中的巨石，压得你喘不过气来。当我们为了自己人生的奋斗目标而必须不择手段时，羞耻就已经赢了。当我们的身体沐浴在羞耻之中时，耳边仿佛传来一声嘲讽："一切都是你咎由自取。"

早知如此，何必当初？羞耻是在提醒我们人并非简单地一分为二，非善即恶，非愈即伤。善与恶，愈与伤之间其实并没有明确的边界。羞耻笼罩了一切，像一层浓雾覆盖了整座城市。我们或许不会因为吸入了黑色的烟雾便窒息而亡，但在这样的环境下，我们绝对无法健康地成长。我们必须先想办法让羞耻变得实体化，只有这样我们才能接受自己的所作所为，找到办法继续前行。

既然你想要坦坦荡荡做回真正的自己，你就必须直面自己的羞耻，每个角落都不可遗漏。在你心里找到它，直面它，只有这样你才能原谅你自己。此外，这并非一时之功，你需要时常为之。

平淡的羞耻

平淡的羞耻可以是任何一件让你事后觉来尴尬的事，它给你的感觉就像身体发了一场低烧。我们心中可能会泛起一阵尴尬的涟漪，但它却很少波及他人，不会给别人造成痛苦。羞耻只停留在行为本身。

我为自己曾犯过的那些与食物相关的小小罪行感到羞愧。我永远也忘不了母亲脸上错愕的神情。当她走进我的卧室，她正好看见冰激凌沿着墙面滴落下来，而前一秒的我正吃着吃着冰激凌就晕了过去，冰激凌全撞到墙上了。

我甚至会从垃圾桶里翻出发了霉的比萨吃。上大学的时候，我还从室友那里偷东西吃，我会趁她出门的时候翻箱倒柜，为的是寻找她的零食。后来我在苏格兰的一家咖啡馆打工，我会在换班时偷吃，甚至在后厨偷吃，然后舔干净手指再给顾客上菜。我的嘴里总是含着一块冷培根。以前，我还会在周日的晚上步行去3家不同的商店，就为了买几盒饼干和巧克力棒，然后在回家的路上狼吞虎咽，这样回到家后，我的室友就不会发现我吃了多少。

虽说吃发霉的比萨着实令人恶心，但它也的确没有伤害任何人。食物就是我的生命线，它就是让我暂时忘记痛苦的灵丹妙药，给了我片刻的安宁。美味大餐与饥肠辘辘就像钟表的两个端点，我的每一天都在围绕着它们打转。这件事情令人尴尬吗？的确有点，但是它残忍无情、毫无意义吗？那倒不至于。

每当我感觉自己快要死了，想随手抓点什么拯救自己的时候，要么食物出现了，要么运动出现了，这里的运动还不是一般的运动，是疯狂运动到挪不动腿。要不然就是饥饿出现了，麻木出现了，或者减肥出现了。而一旦减肥出现了，其他任何事物都要让道。

平淡的羞耻是很容易疗愈的，你只需要承认自己没有正确的工具来应对痛苦，从而不得不采用麻痹自己的方式。因此，当你心中第一次泛起尴尬的涟漪时，不用紧张，可别在这小小水坑里就淹死了。你可以问问自己下面这些问题：

我为什么需要这么做？

是什么让我心神不宁？

我真正想要得到的是什么？

有人因此死去了吗？

通过问自己这些问题，我们才能有机会理解自己：其实我们已经尽力做到最好了。当然，我们也可以从这些羞耻的瞬间当中了解到自己真正需要的是什么。答案很少会是食物。我们其实需要的是爱，是放松，是欢乐，是价值感。而最直接获取答案的方式就是问问自己想通过减肥得到什么。要敢于笑对你的羞耻！你的灵魂会感激你的。

外在羞耻

外在羞耻其实就是我们的内在阴影在其他人身上的投射。它包含了魅影女性给别人造成阴影的所有方式。为了证明自己高高在上，我们不惜让他人蒙受苦难。比起平淡的羞耻，外在羞耻要更狠辣、更黑暗。

拿我自己来说，我在妹妹成长的过程中对待她的方式就是一个鲜活的例子。而轻视肥胖女性又是另一个。为了使我看起来聪明睿智，风趣幽默，甚至高人一等，我可谓残忍至极。

说起来我还是很会用自己的羞耻伤害他人的。在我念大学时的一个暑假，我回到了苏格兰的家中。作为校级运动员，暑假本应是放松喘息的时候，但我却觉得暑假特别恐怖，因为在这样无所事事、漫无目的的日子里，人很容易变胖。

而我绝对不允许这样的事情发生。所以那时我一直在等教练给我发放训练安排。与此同时，我也不敢有半点松懈，依旧按照平日训练的时间锻炼，不知道干什么我就跑步，没完没了地跑步。我甚至还梦想着自己的腿能够忘记它们的DNA，直接瘦成两条细长的竹竿，因为很多队员都拥有这样的细腿。

我的妹妹问我她是否可以和我一起锻炼。我暗自高兴，这正中我下怀。我们一路小跑，穿过社区，跑进一条安静的死胡同。

"我们这是在做什么？"

"你马上就知道了。"

没错，我彻底击败了她。我奋力冲刺，甩她几百米远，然后快速来几个波比跳，领先她4圈的时候我又炫耀地加速了一把。

"跑起来！"

这次跑步之后她将近一周不能正常行走。之后她再也没要求和我一起跑步。

事实证明，妹妹太弱了，我太强了。不过，现在回首往事，我其实是在伤害她。

敌人

外在羞耻听起来就让人感觉冷酷无情。我们的伤口总能肆意卷起波浪，将其他人都淹没在我们的痛苦之中。可将其他人卷入我们的苦难之中并非我们有意为之。当你处于我们的位置时，你就会明白身边有多少人因为你这场"追求完美"的战斗而受到牵连和伤害，甚至那些你深爱的人也难免被波及。

我的外祖父曾是二战时期的一名陆军少校。尽管他本性温柔善良，可手上还是沾染了无数鲜血，因为这是他作为军人的使命。对魅影女性而言，力求完美就是我们的战争。只要我们忘记敌人也是人，也和我们一样心中仍有恻隐，我们就可以毫不心软地肆意屠杀他们。

几乎我们遇见的每个人都是一面镜子，能够让我们审视自己。如果一个人将我们内心最阴暗的一面激发了出来，那其实也揭露了我们内心最渴望的东西。嫉妒与我们的外在羞耻紧密相连。我妹妹纯真善良的笑容就像刀剑一般刺痛着我敏感的伤口。没人知道，她拥有我最想得到的东西，那就是父母毫不隐藏的爱。而她需要为此付出代价。

别人在我们的情绪中起舞的方式，其实也给我们提供了一次反思和学习的机会。外在羞耻就是一条破破烂烂的路。当你突然发狂，把别人卷进你的痛苦之中时，先冷静一下，问问自己下面这些问题：

我真的是个坏人吗？

我想让你付出什么代价？

你有什么是我认为自己没有的？

我能从你那儿学到什么？

很明显我可以从我的妹妹那儿学到很多东西。她带我一次又一次走向我那裂开的伤口的边缘，让我一次又一次品尝伤痛。而这些也是我嘲笑过的每一个肥胖的人所经历的事情。

如果你需要通过伤害他人来获取强大的感觉，那么你一时半会儿是停不下来的。不妨试着同情自己，或许这样做可以让你最终变得对他人柔和起来。此外，真诚地向被自己伤害的人道歉也是不错的选择，只是这样做需要你用强大的勇气克服心中的恐惧。

内在羞耻

皮样囊肿是一种囊状的肿瘤，有些女性生下来就带有这样的症状，它的发病是悄无声息的，有一些人的病征甚至隐藏得很深。有时候这个囊肿会破裂，如果它真的破了，那么你的麻烦就大了。内在羞耻就像这样的囊肿。

内在羞耻是最根深蒂固的羞耻，它里面充斥着我们佩戴过的面具、感受过的欺骗、遭受过的创伤，我们猎杀自己的手段，交织缠绕的故事。在我们不好和不讨喜的地方，内在羞耻的情况很严重。它不需要复杂的激活机制，就能让我们在周一早上5点因为喘不过气来而突然惊醒，它让我们感觉自己就是一种罪过。

平淡的羞耻和外在羞耻是魅影女性的内心伤口的表层表达，它们能引领我们发现内在羞耻的线索，而内在羞耻则是它们无尽能量的源泉。如果你想学着与内在羞耻共处，那么你就必须接纳自己最糟的一面，就算你很难爱上这一面，你也要接纳它。当你把所有的羞耻叠加在一起的时候，你可能感觉很不舒服。但是就算再不喜欢，我们也无法遗弃自己糟糕的一面。

无论是让妹妹感到难堪、羞辱肥胖人士，还是因为节食而错过外祖父的葬礼，又或者是从垃圾堆里翻食物，我不为其中任何一件事感到沾沾自喜。只是当我为自己的人生奋斗时，这些过往都是我不能遗忘的，因为它们也是我的一部分。

直面自己的阴影并不是说要为羞耻说话，或者力挺羞耻，而是要相信，感到羞耻是我们人生中的常态。羞耻会在阴影中壮大，也会被光明疗愈。只有我们认可自己内心最深处的羞耻，我们才能真正疗愈它。只有让我们阴暗的部分变得真实，我们才能摧毁羞耻。

所以压根儿就不存在什么女巫需要被处以火刑，邀请你的内在羞耻共舞一曲吧。当你将羞耻具体化、私人化，你的自我也就随之变得清晰明朗。

魅影女性并非完美女性。她们对自己依赖谁而活这件事毫不在意，也不关心自己有多么自欺欺人，只知道一股脑儿地利用自己的身体化痛苦为力量，可这样的策略实在不够明智。过去很长一段时间里，我们只顾在战场上冲锋陷阵，却没注意到自己手中的武器甚是糟糕。当我们开始照亮心中的黑暗时，很容易就会发现自己一心向战时所选择的战术实在上不得台面，令人感到羞耻至极。羞耻让我们可以假装"早知如此就好了"。可是，我们无法做到未卜先知。

羞耻不会因为有了更多羞耻而被疗愈，也无法因为我们躲避或者摈弃自己阴暗的一面而被疗愈。魅影女性早已习惯了装强逞能，要她们低眉示弱，扮作楚楚可怜的样子还是需要勇气的。对她们而言，需要鼓起很大的勇气才能静静地端坐着面对羞耻，而不是想方设法将它们驱赶走。而你是有勇气的。

羞耻躯体

我们的内在羞耻是可以被疗愈的。我们首先需要意识到它的存在，然后认可并且接纳它，最后才有可能原谅它。这个过程很缓慢，需要足够的时间才能看到效果。

多年的证据表明，不肯接受真相才是导致我们不被看见的罪魁祸首。我们必须增强自己的包容心，去包容自己最差的一面。我们可以利用内在羞耻的力量与我们想要舍弃的那部分自己沟通。

首先你应该让自己的羞耻变成一个人。试着去打造一个羞耻躯体，将她的身份与你的身份区别开来。然后赋予她性格。最好找一张照片，好让她看起来真实存在。不管什么时候，只要你感觉到她出现了，就去拥抱她。当她到你家门口来接你时，不要跟她走，而是要她停好车，与你静静坐一会，告诉她你想要安慰她，向她学习，然后问她下面这些问题：

你住在我身体哪儿？

你是什么肤色？什么样子？体温多少？

你有这种症状多久了？

你认为自己做了什么？

我们怎样才能一起康复？

我如何更爱你？

绘制地图

羞耻就栖息在我们的细胞中。我以前的一个女同事将她的羞耻躯体描述为她胰脏的一个坑，腐败，发黑，还流着血。她的疗愈过程是从关爱童年的自己、原谅自己的母亲开始的。这种爱变成了一把钥匙，将她从囚牢中释放出来。

而我的羞耻躯体则让我全身上火，大汗淋漓。她年纪很小，安静地坐在教室里，焦急地想要擦掉一个书写错误。她正学着用不太友好的词句和善意的谎言来描述其他人。

有一个女人的羞耻躯体跟她母亲一样，说话专横强势。每次她吃得太多的时候，她都能感受到羞耻躯体在自己的体内暴跳如雷，而她只能蜷缩一角。

另一个女人的羞耻躯体却是活在一段记忆里，记忆中那个"要是早知如此"的男人对她做的那些事让她再也走不出来。学会与自己的羞耻相处，并试着去疗愈自己的羞耻，才是彻底摆脱这段记忆的唯一方法。

我们往往越是逃避什么，越是不敢承认什么，就越害怕什么。试着在你脑海中描绘出你的羞耻躯体的样子，一定要体现出她黑暗的一面，然后弄清楚她到底藏在你身体中什么地方？

当她又冒出来猎杀的时候，拉着她坐下好好谈谈。用你的善良去感化她，要知道一种羞耻是不会被另一种羞耻疗愈的，想要治好她，只有原谅这一条路。

当你学会与自己的羞耻躯体好好沟通时，你就打开了格局，能够包容甚至超越自己的痛苦。痛苦也就再也不能钳制你了。当你能够真诚地与自己阴暗的一面对话，而不是去否认抵赖时，你其实是在告诉自己的身体，有人在耐心倾听她诉说委屈。从此开始，你也就不会那么在意自己为何不被关注了，原谅变得简单多了。

当受害者是很舒服的，毕竟是别人亏欠了我们。可如今要冰释前嫌，怨怼尽销，你准备好放手了吗？

第 12 章

为什么原谅是
一个人的仁慈

※

　　她的脸一皱，泪水立马滚落下来。我又一次惹哭她了。
她蜷缩在破旧的沙发一端，膝盖以下都被藏到了瘦弱娇小的
身躯下。因为关节炎，她左边的膝盖上布满节瘤，因为她穿
着肥大的蓝色"母亲裤"，你一时还难以察觉到这一点。她
上身穿着某种毛衫，说是毛衫，因为至少还有两粒扣子。她
就像太阳一样，浑身有使不完的劲儿，脸上总是挂着微笑。
我以前总是喜欢抓着她的胳膊细数她脸上的雀斑。她娇嫩的
皮肤透着粉红色的光泽，上面点缀着棕色的斑点，就像一幅
美妙的星空图，繁星点点，不能尽数。对比之下，我的皮肤
一片蜡黄，脸上加起来也不过5个雀斑，可能还有一颗是难
看的黑痣。她如此美丽，我根本比不了。

　　现在我们生活在不同的国家，中间隔着大西洋。可即便
我们就在同一间客厅坐着，我也能感受到我们之间的距离。

作为女儿，我也很想与母亲亲近。可我就像刺猬一样浑身是刺，而且还伶牙俐齿，但不管怎样，在她眼里，我还是如此可爱。

她从来都很温柔，一点也不强势。在她眼中，我无所不能，而她也给了我她能给予的一切。在我的许可范围内，她会尽可能地靠近我。当我捣鼓手工或者紧赶慢赶某个项目，想要将脑中的想法呈现出来时，我甚至都能听见她靠近时的心跳声。我突然灵光一闪，想到了让我们之间建立连接的办法。哪怕只是一瞬也好，至少在我们重新蜷缩到各自的沙发角落之前，我们曾经亲近过。

我们都很犹豫。我坐在角落里，躲在椅子后，单薄的身子冷得发抖。而她则慢慢悠悠地读着书，我们都没有说一句话。不过，我们都不够诚实。她时不时地偷偷瞟向我，以为我没有发现，而我明明发现了却也装作若无其事的样子。她望着我，眼中闪过的神情一片迷茫，迷茫得就像一张大拼图，1000张碎片全都长得差不多。她应该尖叫着问我："你是谁？"或许那样还好些。

但她没有那么做，而我也没有刻意逼她。我只是继续坐在沙发那头，脑子里翻来覆去都是她。我想听听她的声音，可又不知该怎么开口。我感觉心头五味杂陈，感激、爱意、伤感，各种情感一拥而上，将我团团包裹。我是她生的，我身体里流着的血有一半是她的，但对她而言，我也是个陌生人。这不是她的错，是我自己太不好相处了。她从没有吸引过我，我现在才明白，没有爱是吸引不到对方的。

她安静地坐在我对面，我们之间的空气冷得好似寒冬腊月，其实原本可以温暖些的。我又要动身去机场了，又有好一阵子不能见面了。她仍旧静静地坐着，屈着膝盖，怀里的热水瓶看起来就像一个鸭蛋，温暖着她瘦弱的、隐隐发痛的身体。

然后我们都笑了。我继续扮演自己的角色，躲躲闪闪，厚着脸皮。只要她哪里不能顺心而为，我就开始督促她。她任性的女儿，又变成了家中排行居中的孩子。所有人都故意戏弄她。她笑得眼睛都没了，不停地用被自己咬得秃秃的指尖摩擦着嘴唇，这个动作又让我灵光一现。

我实在忍不住，就像小猫逗老鼠一样逗她玩，当然我知道自己在做什么。就在这个时候她的脸一皱，好像干旱的沙漠里突然裂开一道缝，她哇的一声哭了起来，好像积蓄了很久的委屈，刹那间从喉咙里迸发出来。

瞬间，我感到一股羞耻涌上心头。我也真是醉了，我为什么要招惹她啊？为什么？作为一个母亲，这些年她干什么去了，竟然不知道该如何去爱一个对爱免疫的孩子？

我只好呆呆地坐在房子的另一侧，望着她，不知所措。

我知道自己不能拥抱她，因为那不是我们之间能做的事。我就这样望着她，仿佛听见有人在说："母亲，别哭了，我刚刚只是跟你闹着玩儿呢，别哭了。"我分明知道这是自己的声音，但我就是感觉它来自外界。

我依旧呆呆地杵着，眼睛一刻也不能从她身上挪开。我什么也没做，只是不停地在安慰自己，让自己好受些。

过了好一阵，她终于不哭了，呼吸都变得轻快些了。她从袖子里拿出一块手帕。当她起身去拿钥匙的时候，我看见她又把手帕塞了回去。然后我们一起开车往机场走去。这次我又要离家一整年。

后来我给她发了一封邮件表达了歉意，我想这是自己唯一能做的事情。"对不起，母亲。"我能说的也就这一句了吧。

扮演受害者

好像游乐场上的孩子喜欢三两成群一样，羞耻总是与责备形影不离。魅影女性刚开始意识到自己的痛苦时，就品尝到了责备的奇妙口感。拿手指着对方说："都怪你！看你做的好事！"以一种站在道德制高点的口气指责别人实在是太舒服了。说起来我们都心中有愧，因为我们总是幻想着将自己的受害感受包裹在对别人的指责之中，并且还沉迷于此，不能自拔。可是，指责别人只是在情绪上廉价，在精力上却相当昂贵。

将自己的痛苦归结于别人的过错实在是再容易不过了，连自己的减肥也可以轻松说成是别人造成的。我们大可以双手一甩，像演戏一样声情并茂地诉起苦来，然后就可以等着人们善意的安慰了。这样做的确很解压。"看，糟糕的不是我，而是他们。"有些魅影女性承受了很多苦难，经历了极为残酷的事情，这些事情残酷到发生在不共戴天的仇人身上你都于心不忍。我很理解所有曾遭受背叛的女性，你的痛我感同身受，但是我还是想恳求你：不要让你的人生总是沉湎在过去的苦难中。

我可以把自己的痛苦归结为父亲的过错吗？可以。因为他不知道如何表达自己的感受。我可以把自己的痛苦归结为母亲的过错吗？可以。因为就是她告诉我当淑女要吸气收腹的。我可以把自己的痛苦归结为曲棍球教练的过错吗？可以。因为是他告诉我体重50公斤的时候，一个人打球的状态最好。

当我们慢慢意识到别人在我们失去自我的过程中所扮演的角色时，指责别人似乎变得有助于我们饥饿的心。

别人伤害我们的方式其实是一种投射，因为他们自己也受过同样的伤。我们无法控制别人，自然而然也疗愈不了他们的心。指责别人并不会让魅影女性感觉真实。我们完全可以理解自己为什么会迷失，以及痛苦为什么不显露，也理解别人扮演的角色。但是积累满腹委屈，然后期待别人来道歉并不能让我们得到疗愈。

我们要做的是夺回自己的力量。如果我们完全依赖于别人来进行疗愈，觉得少了别人的道歉我们就裹足不前，那么我们就要等一辈子了。从定义上来说，依赖模式就意味着失去力量。当我们最后终于忍受不了的时候，就会发现除了自己我们无法依靠任何人，只有自己才能让自己走下去。我们必须前进去战斗。这场战斗是块难啃的硬骨头，别人的一句"对不起"也起不了什么作用。

把自己总是受苦的原因归到别人身上只会让我们沉湎于过去。一味指责别人会让你在那些自己无能为力的往事面前一直处于受害者的位置。即便后来你妥协、认命，甚至乐于当受害者，但这么做到底是让你失去了自由，让你失去了改变的力量。但你值得更好的，解放自己终归不是别人的事情，你只能亲力亲为。疗愈自己这件事只能由你自己独自承担。

父亲

抚养我长大的男人既开放又保守。人们往往一眼就能看出我是他的女儿。我们都身材健壮，站立如松，体重也差不多。我们累的时候，皮肤都会变得蜡黄，眼窝也会深陷下去。我们都属于思维敏捷的那拨人，其他人很难跟上我们的节奏。而且我们都相信真正的朋友是没有那么容易拥有的。

我的父亲是家里排行最小的儿子，他的父母都是高知、医生。但高知并不代表懂得如何爱人。说实话我对父亲那边的家庭了解得并不多，在我很小的时候，祖父母就突然过世了。对此我的父亲从未多说什么，但就因为什么都没说，才让人觉得反常。

受过伤的人往往更容易伤害别人。身体上的伤疤或许可以笑谈为人生阅历的勋章，但情感遗弃所带来的伤害却是在人的灵魂上划开了一道深深的口子，这道口子难以愈合。

我的母亲曾经跟我说，我的父亲一心所愿就是孩子能在爱中成长。每一个沉闷的周六，他都会来我训练的曲棍球赛场外，一站就是几个小时，只为静静地看着我在赛场上奋勇拼搏。赛场上的我可以说所向披靡，这点他是知道的。我感觉他的眼睛一直在我身上，但我却不觉得有什么压力。场外队友的父亲大喊大叫地为我欢呼，而他不一样，即使心中充满骄傲，他表面也不声不响。

父亲教会了我如何工作。他从不说教，而是身体力行。现在我看到了，他也在追求自己的价值。在我们成长的阶段，他每晚睡觉鲜有超过两个小时的，他都是静静地坐在办公室，专注于自己的工作。

在开车回家的路上，在我们有一句没一句的交谈中，他对我的爱溢于言表，我在赛场上的每一次过人、每一次快闪、每一次冲刺他都记得清清楚楚。他将看到的每一幕都当成精美的画卷一般保存在脑海之中。

他的赞赏都让我有些难为情了。曲棍球大概是父亲拥抱我的方式吧。现在，他会随手抓起什么东西来替代我的曲棍球棍，这可能是他唯一知道的向我表达"我爱你"的方式了吧。

我不知道他是否看见我的天赋其实也在困扰着我，我的完美也不过是不得已而为之。如果他真的看到了，那么我想他也不知道该如何安慰我吧。

虽然这个男人只是静静地站在赛场外，但他是爱我的。虽然他的双手并不完美，但他用自己的方式拥抱着我。虽然他的爱还不足以让我停止自我迷失的脚步，但我减肥这件事完全不是他的错，毕竟他也没有被关爱过。

指责的代价

身体和情感上的虐待都是难以原谅的创伤。人生很多事不是一定要达到某个特定的标准才能算数。很多魅影女性的经历并不能明确地被界定为创伤，但是那些微妙的、无处不在的苦难让这些伤害显得那么真实。要记住，是你的身体承受了伤害，只有它才能界定是什么伤害了你。这也就是为什么你要学会倾听，倾听自己内心的声音。

有一位女性曾告诉我她的童年好友死在她和她的父亲面前的事。那是一个极为诡异的悲剧，她的父亲对此绝口不提，她自己也不愿提起。另一位女性曾因为青春期身体发育而遭家人数落，这件事一直困扰着她，为此她后来开始悄悄地绝食。

受伤也是一种与人打交道的天赋吧。家人带来的伤害往往最大，就好像海底裂开了一道巨大的口子。不管我们有没有觉察到，创伤早已深深地嵌入我们的自我意识当中，左右着我们的每一个动作。我们针对别人的每一次伤害，都带有我们自身创伤的色彩。

如果人与人之间的交往建立在互相伤害的基础之上，那么我们还怎么疗愈自己呢？

你现在终于明白，那时的你别无选择。你会愿意牺牲自己的人生，让自己就这样一直困扰着自己，不能挣脱吗？你会愿意一次又一次地屠宰自己这头羔羊吗？还是你愿意选择站在人生的中央，成为自己痛苦的主人？你的内心能够强大到包容一切吗？你能找到奋起反抗的出路吗？

我再了解不过的男人

我们的身体里都有一股能量，就是这股能量塑造了我们在世间的样子。就像精妙复杂的管道把血液从心脏运送到身体各处一般，任何时候，这股能量都是下沉在身体各个角落的。有时，我们骤然难过；有时，我们无比羞愧；有时，我们心怀恐惧；有时，我们相信人间值得；有时，我们对他人横加指责。

但这股能量正从我们体内不断流失，这让人痛苦不已。为了阻止能量的流失，为了重建内心的平衡，我们必须切断自己与一些人的联系。做到这个并不难，在一个没人的房间里就能完成，也不需要与任何人交谈。

闭上你的双眼，在脑海中想象你必须要切断联系的人就站在你面前，你们之间用一根粗粗的绳子连着，想象这根绳子就是根开放的管道，去感受混浊的血液经过这根管道，缓缓流入对方的身体，在他的腹部慢慢积蓄，颜色变得越来越深。调整呼吸，注意这根管道连在你身上的端口，任由回忆通过这个管道前后翻涌。不要去在意，更不要去评判痛苦上升的等级。当你切断这根管道时，可能只是隐隐作痛，也可能是痛彻心扉。当你准备好了，把你的手放到自己的肚子上，一把扯掉这根绳子！让自己与对方彻底断了联系！当你不再把自己当作受害者，你才能慢慢将生命力拉回自己的身体。

不要低估想象和呼吸的力量，我曾见过有的人在选择原谅死去的母亲之后摆脱了童年的阴影，最终从记忆中那间房子走出来后，她蹲在地上哭得痛彻心扉。你可以像她一样，只与一个具体的情境切断联系，而不用切断全部情感联系。

通过切断联系，我与父亲的关系有了明显的变化。对于这个我再了解不过的男人，我不再期待他拥有所谓的父亲应该有的样子。我终于找到合适的方式去爱他，不对他有任何要求，不期待他有任何改变地去爱他。就是这个有点笨拙又极为内敛的男人，一直在以一种无法复制的深情守护着我长大，我现在终于可以不再患得患失，而是真真切切地感受他的爱了。

原谅自己

不再指责他人是一件事，而原谅自己又是另外一件事。

对魅影女性来说，悔恨自己的所作所为是再正常不过的事情。我们已经浪费了数年的时光，在一场错误的战争中拼搏厮杀。

当身处地狱时，魅影女性通过饿肚子来让自己变强，说来真是扭曲。原谅自己是一个长期的过程，但只要你有心开始，你只需要简单地卸下心防即可：我并不完美，但我已经拼尽全力。

当你选择将自己的痛苦袒露出来的时候，你就已经开始慢慢看清自己在身处黑暗的时候一通瞎抓的方法有多么可怕。你可以一边用手指着它，一边嘲笑自己愚蠢的战术。你也可以干脆以羞耻回应羞耻，顺势躺下，沉溺其中，无法自拔。你还可以祈祷光阴回返，为自己的下半生道歉，这样就永远无法战胜你让自己经历的痛苦。

或者你可以选择放手，你可以放弃那些不可能实现的标准，承认是自己搞错了，大错特错。然后找个机会与自己好好谈谈，寻求和解。让自己的内心变得更加柔软，让自己变成一个更懂得关爱的人，你对待其他女性的方式可能也会改变。

第 13 章

女人为何
为难女人

※

　　我坐在她旁边，但并不是真的亲自出现，而是在电脑
视频的另一端。我们正在进行一种现代感十足的治疗，一种
根源上的治疗。我坐在自己家中的地板上，由于夏日酷热难
当，我身上汗津津的。椅子的四周散落着各种不知名的食品
包装袋，垃圾桶里更是塞满了各种食物的残渣碎屑，这些都
是我心中愧疚的来源。而她就坐在我的对面，电脑摄像头径
直对着我们的脸，我们近得不能再近了，这种感觉就好像我
们同坐一架飞机，我都能感受到她碰到我大腿上的肥肉了。

　　我试着将我的摄像头压低，这样就不会显出我的双下
巴。而她却没这个心机，我仔细研究了她的脸，肥大的脸庞
与宽厚的双肩填满了整个镜头。我立马暗自窃喜："没错，
她很胖，是真的胖。"

　　"你为什么在这儿？"对面传来声音。她是负责为我治

疗的老师。我不太记得自己说了什么，但是我想一定是"我是艾奥纳，我饮食出现了问题"之类的吧。我很喜欢这套说辞，毕竟简洁方便，而且听起来也显得我彬彬有礼。不仅如此，这还能彰显我在落魄时的些许自律。

忘了说，我们其实是7个人的视频会议。另一个女人开口说话了，她的摄像头没有打开，我还记得那时我认为她不开摄像头一定是因为她很胖。我在网上找到的她的照片证实了我的猜测。我扫了一眼其他人，想看看她们都有多重，结果竟发现我是其中倒数第二瘦的人。真好。

轮到她说话了。我仔细端详着这个可能来自美国某个地方的陌生人，她的头发卷曲，几根僵硬的白发夹杂其中，头顶也扁塌塌的。我顺势望见她身后的壁纸，老气的淡黄色。墙上过时的相框里应该都是些她在意的人吧。另外，她家的窗帘也太丑了吧。

这个看起来40多岁的女人满眼都是红血丝。"我是个医生。"然后她就开始讲述自己的故事。

我在闷热的屋子里汗如雨下。突然，我惊觉一阵寒意。因为她的故事与我的简直一模一样。看得出，她讲述这一切的时候心如刀绞。委屈了这么多年，压抑了这么多年，如今终于有机会得以一吐为快。

我直直地盯着她的镜头，不作一声。但我分明能感觉到我的头发都已经被汗湿透，我的双腿也好像不听使唤，怔怔地杵在那儿，不能动弹。但我还是觉得冷。此刻家中只有我一个人，但我的周围却围绕着一群女人。我就这样静静地听着，听她厚厚的嘴唇中倾吐出让她羞耻的故事。

这也是我的故事。痛苦如出一辙，苦难分毫不差，羞愧一模一样。我就好像在照镜子一般。顿时无名之火烧上我心头，我可一向以为自己独自承担了这世间唯一的痛苦啊！

女性仇视者

魅影女性总是有些傲气在身上的。我们努力工作，却创造了一些因为自己过于骄傲而无法分享的噩梦。即便在我们最低谷的时刻，我们也还是喜欢自己发白的指节，因为这是我们锻炼的勋章，这是我们胜过其他女性的证明，我们就是这么高高在上。比起对镜审视，目睹自己恐怖的模样，将枪口对准别人，对别人的缺陷指指点点显然要容易得多。

魅影女性最害怕的其实是自己，然后才是其他女性。我们的自我意识就是建立在凌驾一切的基础之上的，但这种脆弱如同纸牌屋的自我意识是经不起任何威胁的。当我们深陷痛苦的时候，我们很容易被谎言所蒙蔽，认为所有女人之间都是竞争关系，仿佛其他女人的身材、成就，甚至天赋、特长都会阻碍我们的光芒。

自我仇视是一种沉重的负担，即便是对最强大的人而言亦是如此。这就是为什么我们不得不自相残杀，彼此蚕食。对魅影女性来说，将自己的羞耻与评价投射出去，其实是以一种安全的方式说出自己到底害怕自己什么。我过去很享受当一个坏女人的感觉，对别的女性评头品足能带给我一种奇特的快感。如果她们志向远大，那我就说她们太A型人格（争强好胜）了；如果她们一日三餐正常饮食，那么我就说她们太胖了；如果她们很注重服饰和妆容，那么我就说她们虚有其表；如果她们聊的都是些情感问题，那么我就说她们矫情脆弱。只要我自己身上有什么是我讨厌或我难以接受的，我就有办法将它变成别人的罪过。

我始终不敢承认自己身上的缺点，但我却对别人毫不客气，她们在我身边路过的时候我便言语如刀，毫不犹豫地痛下杀手。人们甚至会当面告诉我："你太大声了，小心被别人听见！"我当然知道自己说得好大声，可我就是想这么干。

那些被我们视为弱者的女性成了我们用来提升自我的牺牲品，她们的弱凸显了我们的强。相反，比我们强大的女性会令我们感受到威胁，让我们心中充满恐惧，让我们的内心瞬间蒙上一层阴影。一边是对弱者的蔑视，一边是对强者的嫉妒，我们被两种情感裹挟着。对自己好一点吧，这样不仅能疗愈你自己，也能让其他女性有机会敞开心扉去进行疗愈。

舞动的魅影

与众不同是魅影女性放不下的执念。可身处痛苦之中的我们没办法做到与众不同。我的曲棍球教练曾经跟我说过一个关于龙虾的故事。把龙虾扔进沸水之中，雄性龙虾会互相用钳子搭建梯子帮助对方逃出去，而雌性龙虾则会用钳子彼此拖住对方，不让对方先逃，颇有一种我死你也别想活的味道。

我不知道龙虾的故事是不是真的，我也不想知道，因为作为女性，我感觉这很符合事实。我这一生见到的恃强凌弱的场景不在少数，绝非我一人如此。我拖住过别的女性，也被别的女性拖住过。我们都是一丘之貉，没多少差别。就算同属魅影女性，她们看见葬身沸水的我，也是拿走她们需要的东西然后漠然地离开。

这样的事情屡见不鲜。大学里我最好的朋友就曾以一种微妙的、极为恶心的方式拖我下水。我们俩同时被招进了学校曲棍球队，当我还在笨拙地适应这种表面过度真诚内里十分虚假的美国文化时，她那干涩的英式幽默感让我倍感亲切。作为运动员她极为优秀，她很快就成为队里的主力，而我却还在坐冷板凳，那也是我人生中第一次体会坐冷板凳的滋味。

不得不承认，她在曲棍球方面比我厉害得多。我们表面一片和谐，团结一心，其实私底下暗流涌动。这艘友谊的小船首先就遭遇了真相这股激流的考验。季前赛上她表现极佳，赛后接受了各种采访。一下子她的名字在赛场上人尽皆知，我们的教练也视她为宝。

她说话很有分寸，但她话里话外却清晰地表明，跟她比起来我的球技相当有限。那时的我觉得她光芒四射，所以我选择闭口不言，默默承受。

在没人关注的时候，我就默默训练。在她荣耀加身的时候，我正在健身房挥汗如雨，想要突破自己的极限。这就是我，我很固执，也很渴望成为众人眼中的焦点。终于，我不仅在赛场上遥遥领先，平时额外的跑步锻炼还让我瘦了不少。对此我最好的朋友却一无所知，她惹错了人。

数个月来，我看着她慢慢跌下神坛。表现不佳就说是头痛，一点点小伤小痛就说是身体状况不佳。而且她每周都换不同的借口。虽然这些都不是我造成的，但我也没伸出援手。她从教练的最爱变成了无名小卒，甚至连参赛的资格都没有了。某个赛季的时候，她甚至不再醉心捣鼓自己的头发了。

她的头发都打了结，脏兮兮地顶在头上，满头又长又细的发辫像无数条小蛇一样从后脖颈爬上头顶。她大笑着甩甩头发，但是人们一眼就能看出她虚假的笑容和空洞的眼神。人们问我她还好吗，我只能无奈地耸耸肩，我也不知道。我和她都说不清那是一种什么感受。

圣诞节的时候她回了英格兰，再回来的时候头发突然就变得很正常了。我们谁也没有提起这件事。某年春季赛的时候，她因为肩部受伤动了手术只好坐在场外，我顶替了她中卫的位置。当她觉察到我的变化时，我已经羽翼渐丰，变得强大了。

大学最后一年，她又回来参加季前赛，却没想到在体能测试的时候晕倒了，她的头撞到了跑道的一侧，然后立马被取消了资格。看到她沮丧地坐在一旁掩面哭泣，我的心也跟着碎了。我还是很爱她的，毕竟她是我从小到大唯一的好朋友。

可我又感到异常兴奋。一整个夏天我都与一群来自全美的男性运动员同吃同住，我在他们身上学会了很多挨饿的技巧。我可以在粒米未进的情况下一跑就是好几个小时，然后直接躺倒并昏睡过去，这样我就没机会感到饿了。我学会了如何不动声色地驾驭自己的痛苦。

她和我总是擦肩而过，最后到了相对无言的地步。在最终赛季的时候，我表现奇佳。我又开始狂吃狂喝。无论忍饥挨饿还是狂吃狂喝，都是因为比赛。

对观众而言，我简直光芒四射。就是在那时，我们的友谊走到了尽头。一夜之间我成了她的眼中钉。我心中愧疚不已，而她也毫不遮掩地表明自己无法大度地祝福我，但我不怪她。可即便她身处炼狱，备感折磨，我还是对一件事耿耿于怀："你一开始的时候在意过我的感受吗？"

她开始变得令人害怕，开始变得令人无法接近，我发现她竟然拿自己的头撞墙。毕业之后我就再也没有见过她了。

过了这么多年，关于她的事情还是让我无法释怀，有时想起来我心中都难受得要命。可让我没想到的是，在我还没有坦然面对自己的痛苦时，她早就已经从容地跟别人聊起自己的痛苦了。

她能做到这一步，我挺敬畏她的。在我刚开始工作的时候，我们还聊过几次。但是多年以后，她造成的伤口还在我的心中隐隐作痛。

我开始怀念我们的友谊。那些年对我来说具有特别的意义。在那之后我再也没有那么鲜活地活过。她与我就这样相爱相杀，纠缠折磨，但她也让我感觉如此真实。

我曾以为自己找到了一生的挚友。现在我总算明白，其实我们都是在对方的阴影中舞蹈的魅影女性。

你可能觉得自己是绝无仅有的一个痛苦的人。但其实你并非唯一的一个。

长久以来我都以为，只有我才能体会到那种自我猎杀的滋味，只有我才需要通过伤害自己来证明一些东西，感受一些东西，或者赢得爱。现在我终于看清了，并不只有我一个人承受着痛苦，她也一样，只不过因为曾经离得太近反而没有发现。她也是魅影女性，除了痛苦的缘由有所不同，其他没什么不同。

看不见的军队

你就是幽暗的夜空中一颗小小的星星。你一旦看见了自己的痛苦，便也能看见他人的痛苦，这时你就会发现，遍地都是魅影女性。无论走到哪里，你都像是在照镜子一般。魅影女性并非零星个体，而是浩浩荡荡的大军。我们每天一爬起来就急匆匆地想要证明自己的价值。每天太阳还未升起时，街边便出现了我们跑步的身影。清冷的晨曦中，我们的发丝都是冰冷的，我们呼出的白气更是清晰可见。街头相逢时，我们彼此都用异样的眼光审视对方，我们都想要追求更高级的骨感。

这就是为什么女人总是伤害女人。要是资源匮乏到只有一块土地可以凸显我们的地位，我们一定会拔腿就冲上去占领此地。当我们词不达意、出现冲突的时候，为了显示自己的强大，我们甚至不惜互相伤害。不仅如此，在相互隐瞒这件事情上，我们也如同一丘之貉。

魅影女性的痛苦并不是凭空产生的，我们内在的"自我猎杀"也一定是因为某些作用力推动形成的。"努力就会有所回报"这句话就像悬挂在我们面前的胡萝卜，引诱着我们向前。

通过创造这种"坦诚面对"的空间以及亲眼见证彼此的痛苦，我们得以实现相互疗愈。

第一组视频通话中那位胖胖的女性就是这样疗愈我的。就是因为她率先摆脱了她的羞耻，敢于说出自己的羞耻与痛苦，我才获得了疗愈。可是当时的我却没有立马与她产生共鸣，而是对她感到愤怒。我在心中质问，这样一个懒女人怎么能跟我一样？她怎么配跟我身处一样的困境？她跟我简直不可同日而语。我如此年轻聪慧，天赋异禀，超凡脱俗，她也配与我相提并论？就连我的痛苦都是花样繁多，残酷异常，绝无仅有。

可偏偏就是因为她坦诚面对自己，我也从自己的痛苦中获得了力量，是她教会了我宝贵的一课。

"我其实并没有那么特殊。"当我看到她颤抖着下巴说出真相，坦然面对真实的自己时，我感觉她口中的人就是我，我与她没什么不同。我们都是如此普通，如此平凡的女性。她就是我，她的痛苦也是我的痛苦，而且我相信我们之间还不止这一点相似。

镜子，镜子

如果你认为自己与其他强大的女性之间的共同点就是互相残杀，彼此蚕食，那么想要跟她们建立关联一定是极其困难的。当我松开紧握自己脖子的手，我突然意识到，其实我们都在为了赢得比赛而不择手段。我们根本就不知道如何和和气气地比赛。

随着我们慢慢从情绪的冰原中缓和过来，我们必须学着去驯服自己体内的坏女人，从而为自己的情绪负责。我们也必须学会正确看待镜中的自己，要有勇气放手已经枯死的树木，毕竟我们的生命中还有大片茂盛的丛林。

猫咪

魅影女性都认为自己是负责的存在，事实也的确如此。

但在大部分时候，我们的需求其实很寻常。我们只不过是希望有安全感，以及被他人重视。如果你沿着城市的街道走走，你就会发现成千上万惊恐的、孤独的、正淌着血的魅影女性。街上到处都是她们的身影，而她们苦苦追求的其实也不过是基本的安全感。

当我们受了伤，我们便开始默默猎杀其他女性，以她们肥嫩多汁的"脆弱"为食。这种转嫁伤害会给人带来即时的快感，让人暂时忘却自己的痛苦。当我脑海中的声音闹腾到让我无法忍受时，我偶尔会肆无忌惮地对我遇见的每一位女性评头品足。虽然这种行为毫无节操，但却有极好的解压效果。我体内那股凶残暴戾的"自我厌恶"需要一个突破口爆发出来，如果这个突破口不在我自己身上，那么它就在别人身上。

对于我的残暴我还是有一种自豪感的。可即便心中骄傲，我还是淡然处之，这也算是苏格兰人的性子吧。只是要指出的是，当坏女人可不是什么苏格兰人的风格，这只不过是魅影女性的特点罢了。

我完全不在意你

我几乎每天早上都能在健身房见到她。我记得有人给我在网上指过她的父亲，一个百万富翁。她又矮又胖，不仅参加群体健身，每天还有私教课，教练有时还不止一位。

除了见面时一句简单的招呼，我不记得自己跟她说过什么话。她不只身材不好，其他方面也都比不上我，所以我对她毫无兴趣，更别说感受到来自她的威胁了。

有一天，当我正要离开的时候，她跟着我上了楼梯。

"艾奥纳，我可以问你件事吗？"

我转过身，她接着问道："你为什么这么讨厌我啊？"我一时怔住了。然后我足足花了5分钟向她解释自己并没有讨厌她才离开。

那天晚上，在我的第二期训练结束后，我坐在更衣室里与其他女性说笑，这件事成了我们的谈资。

"我都压根儿没在意过她。"这话听起来相当霸气。我一定特别擅长用双眼杀人吧。我其实知道这是不对的，因为我从小就被教育要为人善良。可我现在与善良压根儿不沾边。

一个人做任何事都是有缘由的。我之所以如此伤害她，是因为我要满足自己的私欲。当你选择疗愈自己的时候，你就会发现成为所谓的坏女人这件事根本毫无吸引力可言。如果你想要真正疗愈自己，那么你还是需要对此了解清楚，因为只有这样，你才能在自己想成为坏女人时找到更好的替代方式。

为了弄清楚到底是什么驱使你变得如此残忍，你必须先认真观察。你可以仔细观察自己内心的坏女人是何时出现的。你是在什么时候、什么场合觉得自己想要通过让其他女性难受来让自己心里舒服的？

我的模式非常简单。每次当我感觉自己肥胖或者失控的时候，我就开始变得凶残，想要化身坏女人去伤害别人。

不要因为你内心的坏女人而感到羞耻。她只是你感受不到自己存在价值时的一种习惯反应。你要做的是将她想象成一只猫，给她翻个身，轻轻地抚摸她的肚皮，然后轻声询问她："为什么这么没有安全感？"然后耐心倾听她的回答。

你可以列出一张表来搜索你的模式。在通常情况下，你内心的坏女人会和你的内在小孩一起歇斯底里地呐喊。你可以通过询问她"为何这么想要伤害别人"来了解她散播恶意的方式。你要学着与她阴暗的一面相处，她最终会柔软下来的。

当你对自己重新燃起好奇心时，你或许会有意料之外的收获，那就是学会尊重和理解其他女性，并且开始表现出同理心。你可以试着观察自己平常看不上的那些人，试着去发现他们身上美好的东西。很多魅影女性都有肥胖恐惧症，我过去就是如此。当我开始疗愈自己的时候，我就决定从心里彻底放弃自己对肥胖的恐惧。现在，我不再追捧什么减肥了，也不再对体重过多关注，我认为所有对身材的评价都是不可取的。还有一个真相或许令人不舒服，那就是如果你相信所有女性都值得被看见，那么你对身材的评价就必须停止。

盐瓶

我们都认识一些很容易心生怨恨的女性，她们是如何混迹于我们之中的，这件事一直让我感觉如芒在背，坐立难安。在我二十五六岁的时候，我曾与一位女士共事，她就像指甲一样尖锐，不仅声音刺耳，而且古板守旧，做什么事都喜欢按规矩来，毫无创新思维，也听不进别人的意见。就连她的笑容都像是被拉扯的橡皮筋，粘在那张尖酸刻薄的脸上。

她一整天都在电脑上捣鼓表格，一边记着账一边还不停灌着咖啡。她总喜欢将卫衣的帽子披上，然后整个瘦小的身躯就好像陷进去了一般。她的腿也称得上骨瘦如柴，即便是紧身裤也能让她穿出阔腿裤的感觉。开会的时候我总感觉她就在我身边呼气，她的存在让我很不舒服。

人们总喜欢诋毁别人标榜自己，这也是人性使然。当我们进行疗愈的时候，我们可以仔细审视自己的丑恶，然后学会什么是同理心。

这个女士就是我人生中的导师，是她帮助我学会了宽容。

那些伤害我们的人就是我们最好的老师。我们每天都有机会怒视某些人的眼睛，质问他们为什么让我们气血翻涌，怒火中烧，为什么让我们心中妒意难平，为什么伤我们如此之深。这时就是我们最好的练习机会。停止对别人的评价也并不是说做到就能做到的，我们需要多次尝试才能获得宽容这种宝贵的人生经验。

每次你生气的时候，你可以试着暂停，想象站在你面前的是一个瘦小的颤颤发抖的小孩。他就像我和你一样，也是一个得不到爱的孩子，这样的话你还忍心找他的麻烦吗？

你知道自己需要变得更好、更善良。你正在以身作则，树立榜样，告诉那些冰冷的心其实一切都可以被疗愈，所有人都可以变得善良。

他人也可以告诉你，你在哪儿还没有得到完全的疗愈，或者你在哪儿还没有做到完全接纳自己。拿我自己来说，每次我看到其他女性权力在握的时候，我就不免妒火中烧。看见她们自信昂扬地站在舞台上，声音坚定有力，因为嫉妒，我内心的一小部分会忍不住想要去嘲笑她们的舞台妆或是不够霸气的穿着。

你可以利用他人对待你的方式来定位自己伤口的核心区域。想象你的身体就是一块生肉，一个人站在你面前正朝你身上撒盐。这些盐都聚集在你身体什么地方？盐堆积的地方就是你伤口的核心区域。其他女性总是很容易让我心生嫉妒，嫉妒就是我的核心伤口。

嫉妒背后的原因是恐惧：就是你将聚光灯从我身上挪走的。恐惧背后的原因是资源匮乏：赞誉是有限的。资源匮乏背后的原因是缺爱：我没有得到自己想要的关爱。缺爱的背后才是真正的核心伤口——价值：如果我不够完美，那么我就不配得到关爱。我们可以一层一层仔细观察，核心伤口是如何一步一步变成表面的症状的。

一旦别人拥有了我们求之不得的东西，或是别人的状态让我们起了鸡皮疙瘩，我们就很容易心生怨恨。我从未想过要去改变自己对那位假笑女士的态度，让自己喜欢上她，但我现在的确也能忍受她这种人的存在了。她的大脑里仿佛有一座图书馆，里面满满当当都是技术细节，而这些都是我无能为力的东西。她在工作上也是出类拔萃的。每次因为我们看待问题的方式不同而导致我忍不住想要评判她时，我都把她想象成一个娇弱的小女孩。老鼠一样的小脸探出洞穴，东嗅嗅西闻闻，确保自己安全后一溜烟不见了。果真是胆小如鼠！她自己也在承受着痛苦，那是未加修饰的纯粹的痛苦。

魅影女性没什么特殊的。我们不是唯一一群需求得不到满足的人，也并不只有我们手中攥着糟糕的武器。

你评论的又是谁？你了解对方吗？还是做个善良的人吧。你的疗愈过程也与此息息相关。你可以试着每天对镜自审，去找到自己内心深处的伤口，去挖掘自己的金矿，让自己变得更好。

枯木森林

把疗愈的过程比作一棵树的生长，这是一个多么美丽的比喻。当你修剪掉那些弯曲的枝丫，整棵树立刻变得英姿挺拔。修剪枝叶也促进了根系发展，树根深深扎进土壤。于是树更加茁壮地成长，一派生机盎然的样子。通过"修剪枝丫"，我们也可以像这棵树一样。

疗愈的过程是痛苦的，而且常常伴随着舍弃。虽然以人为镜，我们可以择其不善者而改之，但是有些镜子并不值得我们花费力气。有些人根本就没有为你的利益考虑过，心中更是从未在意过你。而你知道最困难的是什么？是有些人根本就没准备好开始疗愈。

如果你周围的人都没准备好盛放，那么作为一根独苗，从情绪冻原中的复苏之路就注定是孤独的。那些与你处境相同的女性很可能会变成你疗愈路上的巨大阻碍，她们会不断提醒你自己曾经的样子。你需要给所有人一个公平的机会，但是切记，一定不能让那些心不甘情不愿的人阻碍了你的成长。如果你发现哪棵枯木压住了你，阻碍了你的成长，就毫不犹豫地砍掉它。你要相信你正在为自己向下扎根开疆拓土。

我还在工作中遇见过另一位女士。她虽比我年长20多岁，但仍旧明艳动人，一头秀发乌黑亮丽，一双明眸闪亮灵动。她看上去俨然一副世事洞明的样子，好像已经活过了几百年的光景。尽管内心可能电闪雷鸣，但表面的她却是那么风平浪静。她总是喜欢对周围的人和事发表见解，侃侃而谈，就好像她自己亲身参与了别人的生活一样。

我不是特别明白她的行为，也不是很喜欢她。但是她却特别支持我，对于我的设计，我的演讲技巧，甚至我的批判性思维，她全都赞不绝口。她从不吝啬自己的赞美，但是我总是刻意与她保持着距离，因为有时候我总感觉她这个人都把我看穿了，她的眼光太毒辣了。跟她打交道实在是太没有安全感了。

我一直以来都将她归类为很酷但很怪的人，直到我终于敞开心扉，开始自己的疗愈之旅。而她，一直都在那儿，张开着双臂，就好像一直在静静等候着拥抱我一样。

一天夜里，我们一起出来喝酒，下酒零食是海苔炸薯条。

"我以前都没觉得你漂亮哎。"

我感觉心里一沉。她似乎有一套自己的"坦言相告"的说辞。

"其他女人都认为你很漂亮，你的身材凹凸有致，但我却不敢苟同，我感觉你整个人很阴郁闭塞。"她顿了顿，"不过，你现在终于敞亮了。"

突然我感觉自己的脸颊湿湿的，泪水不自觉地流了下来。大概是初见她的时候我还没有准备好。但现在我已经如她所说，终于敞亮了。

难以忘怀

我们自己散发什么样的气场，我们就会吸引什么样的人。当你自己变成"坦然做回自己，坦诚面对情绪"的灯塔时，你的生态系统就会自然而然地反映出你在疗愈过程中的变化。你光芒四射的样子以及在阴影中起舞的从容，都会给其他魅影女性带去希望，这也是她们一直渴望的"允许"——允许自己做回自己。

去看看那些我们需要强化的关系，比如亲子之情、兄妹之情、夫妻之情，是如何根植于疗愈的灵魂之中的，去看看友谊之花是如何盛放的，去欢迎勇敢加入我们的女性吧，不管她们是什么样的肤色，也不管她们是光彩熠熠如宝石还是黯淡无华如沙砾。

大胆地去寻求原谅吧。去向那些你曾伤害过的人祈求原谅吧。不要指望她们一定会做出回应，如果她们选择原谅你就敞开怀抱接纳。我曾在公交车上通过言语伤害过我大学校队的一位队友，但几年后她却成了我的好友。我不知道她为什么会原谅我，但她的确这么做了。我们现在甚至可以一起把这件事当作笑谈。但是我们从没忘记自己原来是什么样子，也从没忘记自己过去经历过的事情。

你也需要明白，成长不会一帆风顺，意外时有发生，比如你回家路上经过的一片树林可能会因一场大火焚烧殆尽。没有谁会永远陪着谁，人来人往是人生常态。逝去的可以怀念，但仍要心存希望，更要有"野火烧不尽，春风吹又生"的信念和格局。

现在，盛放吧

魅影女性已经沉默太久了。沉默让我们变得残忍，让我们在痛苦的经历中变得矫情做作，脱离大众，与他人格格不入。我们的恐惧不仅害了自己，也让其他女性受到牵连。

我们必须变得更好，既是为了我们自己，也是为了大家。在这场女性集体进行的压制中，我们已经作为同谋久矣，到了该做出改变的时候了。一直以来我们都在彼此伤害，现在我们也应该彼此疗愈，一个接一个。

这一次我们不再沉默，就好像金色窗玻璃旁鸟儿的鸣叫。那是最真实的声音，是想要被看见的渴望，也是想要做回自己的坦荡。

请不要低估你的榜样作用，当你选择带着一颗干净纯粹、开放包容的心生活的时候，你也在告诉其他女性，她们也可以。快把自己从痛苦的枷锁中解放出来吧！只有这样，你才能疗愈过去的自己，同时疗愈现在和未来的自己！

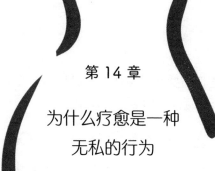

第 14 章

为什么疗愈是一种
无私的行为

　　我不知道你需要我做些什么，但我一定会努力，借着月光而不是通过冷漠的双眼品读你的人生。

　　我愿你永远不会在你的心间筑起完美的高墙，也愿你永远可以无拘无束地笑。我会为你留意让你变强的方式，提醒你盛极必衰。百叶窗里透过的阳光洒在你柔软的皮肤上，皮肤泛起红晕，像是你捕捉到了一缕阳光并留下了它。

　　我会为你留意何时夜幕来临，我知道你会与她们相遇在公园里，相遇在街头上，相遇在教室的角落里。这些小小的女性，是来自破碎的拼图中的勇敢的母亲，她们小小的灵魂连接在一起。在这片开阔的草地上没有游魂，只有愈合了的她们在翩翩起舞。

传家宝

痛苦是具有家族遗传性的，是一代一代往下传的。每个魅影女性的旅程都是个人特有的，但我们自我的迷失却是在不知不觉中多种合力的结果，甚至早在我们出生之前一切就已经开始运行了。这种无形苦难所带来的痛苦是钻心蚀骨的，但你一定不是家族里第一个感受到这种痛苦的女性。你也不是家族里第一位为了自己考虑而变强的女性，你甚至都不是第一个与自己的身体开战的女性。

你知道吗？刚好你就是你这个家族血统在当下的体现。就是这个血统让你手中有了选择的机会。魅影女性所完成的任何疗愈其实都只有后代才能感受得到。所以不要将你的痛苦延续下去了，不要让这遗传性的痛苦再控制你了，因为它不仅会影响你身边的人，还会侵袭下一代更年轻的身体。下定决心去疗愈吧！

我们血统的健康状况就像野外一条河流的生态系统，青蛙在石头间跳跃，昆虫发出阵阵鸣唱，突然之间就被青蛙的舌头卷了去。水面清澈明亮，宛如明镜，岸边羊群悠然地吃着鲜嫩的青草，渴了就漫步河边饮水，它们身上的羊毛长得又软又密，用来做农场主的连衣裙再好不过了。

这是一条健康的河。但是随着潮汐的转变，我们体内的血统变成了一条混浊泥泞、死气沉沉的河。河道里充斥着遗憾、悔恨、悲伤，各种消极的情绪淤积在一起，导致我们的血统之河变得恶臭难闻。随着时间流逝，创伤可能会冻结但不会消失，然后融入细胞之中传递给后代，于是便有了痛苦的你。

青蛙在石头上变得萎靡，飞虫也掉进混浊的水面。农场主只能饿肚子，因为他的农田也因为没有河水的灌溉而变得干裂。日复一日，河床上面出现了满是跳蚤的动物尸体，而这些动物都是死于相同的病毒。

淤泥就沉积在那些我们还没有意识到或者没有工具去清理的回忆之中。痛苦就在家族成员之间传承，那些回忆、创伤、痛苦，和大多数我们从上一代继承而来的东西一样，都是我们无法掌控的。

太粗了

对于你是第一个承载家族名声的魅影女性这样的话，一句都不要相信。有一年夏天，我去一家疗养院看望我的外祖母，因为阿尔茨海默病，她的状态已经大不如前，整个人浑浑噩噩的。她所有曾经的闪光点都早已不复存在。此刻的她就像一只受伤的鸟儿，极为虚弱。在这样的夏日里，她还裹着一层又一层的毛衣，我甚至都能闻到她衣服上散发的臭味。

我扶着她出去晒太阳，走到长椅处我们坐了下来，我看向身旁的她，她耷拉着肩膀，整个过程一句话都没有说。或许对她来说，说什么都太尴尬了吧。我想她一定也知道自己的大脑在衰亡。

突然我感觉到她枯瘦的手指在戳我的大腿。"粗，"她说道，"太粗了。"

我用力咽了口口水，我想的内容跟她一模一样，她的大腿也太粗了。但我好奇以前是哪些人用她们的食指戳她的大腿的呢？

遗传

魅影女性受苦受难的方式是有根源的，是后天习得的，也是这个群体共享的。尽管我们并不想参战，但我们身上到处都是战争的伤痕。我们就是遗传物质在这一代的表达。不管是爱、光明、天赋还是痛苦，它们都会在我们身上体现。我们在镜子里看见了什么，就反映了我们自身拥有什么，以及我们注定要成为什么。我们从上一代手中接过武器，继续投入到他们曾打过的战争之中。我们就如同当年的她们一样，在这场没有硝烟、悄无声息的战争中，奋勇厮杀。

"我是从我的母亲那儿学会这样做的。"不知道有多少位女性曾在我面前泪流满面，"我不想我的女儿也跟我一样。"我明白她们说的是什么。

我们做的每个决定都会将新的内容注入我们的遗传基因之中。如果我们不选择一种新的方式，不做出改变，那么基因中的这份痛苦就会在我们的身体里不断复制，然后传递到下一代魅影女性身上，她们又将重蹈覆辙，陷入无尽的痛苦。

要做出改变并不容易，但我们已经受够了这些苦难，必须找到破解之法。不管伤口藏得有多深，我们必须找到它，疗愈它。

涟漪

许多魅影女性总有一种执念，总认为自己的故事有多么与众不同，总认为自己的痛苦有多么异于寻常。我们当中的一部分人甚至不愿意分享自己的故事，总觉得别人无法理解自己。但是，如果我们的眼睛只盯着自己，那么我们很可能错过整个世界。在人生这场游戏中，我们并不是独立于社会的存在。所以请不要低估自己与世界的关联，你做出的任何选择都会产生影响，哪怕世界最远的角落也会有所波及。你可能感觉自己的选择如同水滴入汪洋，不起波澜。但你要记住，你并非水滴，你是涟漪。

当我们开始疗愈的时候，一圈涟漪就产生了，刚开始的时候小小一圈，甚是微弱，但随着时间推移，波纹逐渐强烈地泛起，一圈一圈延伸出去。从微弱的涟漪到强劲的浪潮，从几近无声到涛声阵阵，我们正在结束这份困扰我们所有人的痛苦。

当我选择以新的方式生活时，我不仅疗愈了我的妹妹、母亲、外祖母，我甚至疗愈了那些只存在于黑白照片中的陌生人。虽然我不知道她们的名字，但是我们笑起来的时候连眼尾的皱纹都如出一辙。我也疗愈了未来可能抱在怀中的女儿，她笑盈盈地看着我，一双灵动的大眼睛忽闪忽闪。当我选择让滚动在我血液中的黑暗物质安静下来的时候，我连心跳都变得不同了。你甚至可以想象100年后，有一个小女孩也完全不同了，她眉目如画，顶着一头短短的卷发。

现在，你愿意以另一种方式推倒你的多米诺骨牌了吗？

当我们选择坦然面对自己的痛苦时，也就不再需要遮遮掩掩地进行疗愈了。我们变成了灯塔一样的存在，我们成了真理的化身，不仅疗愈了自己，还疗愈了先辈与后代。

有时，想要变勇敢可能很难，尤其是要开始这种改变人生的大事。卸下心防，露出自己柔弱的一面是痛苦的。有时，你的自我激励不够多，你"未来的自己"不够具有激励性，你的内在小孩也无话可说，然后你就故态复萌：你又开始浑浑噩噩地计算卡路里，你又开始咒骂镜中丑陋的自己。

在这些时候，魅影女性其实可以从其他人那里获取力量。

在我的哥哥告诉我他即将成为父亲之后不久，我便开始了自己的疗愈之路。我坚信那会是个女孩，也就是她触发了我的改变。她虽然不是我的女儿，我们也住在不同的国家，但我宁愿死也不愿意让她重蹈我的覆辙。她的出生让我觉得自己的改变势在必行。听起来是不是过分无私了？但我决不会让这个小家伙在我的阴影里长大。

在我努力疗愈自己的时候，她出生了。我永远也忘不了第一次见她的情景。她娇小的身子贴在我身上，就像灵丹妙药一样瞬间治愈了我。我心中充满感激，有她真好。在我疗愈自己的那些日子里，是她帮助我重新获得了生机。

也许你已经为人母，也许你并不想要孩子，这都没有关系。但当你感觉自己不够强大的时候，一个女儿，不管是不是真的女儿，却能够让你的疗愈过程拥有更大的使命感。当你的心跳变得微弱而缓慢的时候，想想你现在所做的选择将会影响你的女儿，甚至更远的后代，你心中的同情之火瞬间就会被点燃。

虽然我还没有做母亲，但是我脑海里已经有了一个我自己创造的女儿，我还给她娶了名字——芬。几年前，我本可以紧紧握住她的手的，我本可以和她聊些什么的，但我总在想身材、减肥和工作的事。

不要想着去成为一个完美母亲，你的孩子不可能在童年不受任何伤害。你只需要把心思放在如何爱她上面，因为她就是你身上掉下来的骨与肉，生来就与你有着相同的喜好，身体里流淌着受你影响的血液，她甚至还可能会跟你一样迷失自我。

你可以列一张表，把自己不愿意教给她的东西都写下来。我答应我的女儿绝对不会对自己摄入的卡路里斤斤计较，也绝对不会那么在意自己的体重。她一定不会听见我对肥胖人士说三道四。我会留意她什么时候变得强大了，如果她需要安慰、支持的话，那么我一定在她身边陪伴她。

我会告诉她，我一直在她身边，她不是孤独一人。我也会教会她如何取舍。她只需要发扬自己的天赋就好，不需要去拼命证明自己的价值。我会告诉她，她什么都不需要做就会有人一直爱她。而且一旦我感觉自己脑海里的老模式故态复萌，我会立即进行自我疗愈以免影响到她。

这个女儿就是你的一面。她就坐在你的膝上。想象有一天你打算告诉她背后的一切，你牵着她的手，看着眼前这个瞪大双眼的女孩，轻轻告诉她为了改变她的人生你付出了多少努力。

"度"的游戏

站在人生中段，感受人生无尽的挫折与波澜，实在是让人心中五味杂陈。你不光想疗愈自己，还想着改变你基因表达的过程以改变后代的命运，这话听起来就像疯言疯语。但你却可以勇敢地进行尝试。

想象你是时间轴上一个单独的点，你的整个人生都暂停在这个时刻。你可以继续像往常一样生活，继续过魅影女性的人生，你也可以向左改变一度，然后前行。这样一个小小的改变包含了或大或小的选择。它可以大到是否选择自我疗愈，也可以小到或者无足轻重到一个当下的决定，比如健身时身体练疼了就停止跑步，或者肚子饿了时就干脆敞开了吃。

在这个"一步之差"的宏伟计划中，你的选择其实是无足轻重的，颇有无心插柳的味道。你一步步错过了自己原来的目标。慢慢地，你已经离原来的目标百步之遥。

只需一度，就是一个完全不同的选择，就会带来完全不同的人生。这件事不只是为你，也为你身后千千万万的女性。每当你勇敢踏出一步，你便将自己往疗愈的方向拨了一点。

偏离几度所带来的差别就是泰坦尼克号撞不撞冰山的区别。而这样的决定，就跟游戏时做的决策一样，只是一瞬的事情。只是相比游戏决策，这一点点的改变也是一种更为坚定的选择。

如果你不想跟着这艘轮船一起沉入海底，那么现在就要勇敢做出改变。疗愈的过程并不是大张旗鼓，轰轰烈烈，而是每天收集那些看似不起眼的面包屑，有了这些面包屑，你就可以走向一个自己以前想都不敢想的人生。

不做的代价

世间万物自有其法，万法关联，形成一网，而魅影女性也是这网中的一部分。在这张巨网中，万物井然有序，各司其职，你就是这张巨网中的一个节点。但你知道当你开始不再服从，而是选择发送不同信号的时候会发生什么吗？你不会再深陷这张网不能脱身，而是开始自己织就一张不同的网。

你有能力改变不止自己一个人的命运。就看你愿不愿做出选择了。

你也不是一定非做选择不可。不只是今天不做，也可以是永远不做。你可以继续制造自己的痛苦，你可以继续按照别人为你编写的人生去生活，你可以一直都在阴影里痛苦地减肥，你可以双眼紧闭，哼着小曲，对别人承受的与你相同的痛苦不闻不问。

就算你这样做了也无可指责，因为疗愈的过程本就不容易。有时你需要静待数年才能见花开，甚至有时你种下了种子，却活不到见证它开花的时候。

你需要明白，你现在所做的任何努力都是一种礼物，是你将健康的活法印刻在你的血统里，这是你，一个无私的女性，为后代准备的礼物。

你会愿意放出豪言吗？就让这痛苦在我这结束吧！你在做的事其实是在清理自己的血液，是在找回自己的方向，是在拯救自己的轮船。当你的多米诺骨牌以不一样的姿态倒地时，你便激活了一个接一个无惧做自己的女性。

所以，勇敢站起来，为你自己，为了她，也为了千千万万的她们。让你的涟漪延展开去。为了那个100年后的卷发小女孩，她银铃般的笑声与你多么相似，她忽闪忽闪的大眼睛闪烁着灵动的光芒。她可能不知道你的名字，但是她一定能感受到你带给她的礼物。她的骨子里一定明白你当年有多么勇敢。不只为了她，还为了那张已经旧得发黄、边角起皱的黑白照片中的女性。尽管她当年没办法说出自己的痛苦，但她也一定能感受到你的努力所带来的好处。她一定会因为你帮她发声而对你心怀感激。

你的努力不仅功在当代，还惠及前人，也利在千秋，就如血统中激起的一圈涟漪，向内向外发散而去。而这些都倚仗你做出的选择，是因循守旧，逆来顺受，还是勇敢改变，活出新生，全在你一念之间。如果你能从痛苦中获取抗争的兵器，那么你便处于不败之地。即便命运以痛伤你，你也能安然无恙。

第 15 章

打造你的
情感适应力

※

刀枪不入

疗愈看不见的痛苦这件事，并不是魅影女性可以凭蛮力为之的。进行疗愈的目的也不是得到令人高度紧张的幸福感。挫折、人生大事以及那些你完全无法理解或无法控制的时刻其实都是在为你的人生铺路。所以如果你以为疗愈了看不见的痛苦就可以让自己变得刀枪不入，那你就大错特错了，因为这一点也不现实，你完全误解了疗愈。

通过塑造一个灵活的自我，我们可以摆脱禁锢自己的死板的完美主义。通过在那些最重要的时刻检验我们的疗愈效果，我们摆脱了减肥的执念，开始有了变通的能力。

疗愈可以让你卸下伪装和防御，做回真正的自己，但是却不能让你变得刀枪不入。所谓追求永恒的幸福，其实不过是一个诱导大众的神话，也许它可以引你走进门来，让你渴望更积极的人生体验然后为之努力。而将你一生的幸福定义为工作出色又未免过于简单化了。我们疗愈的目的并不是实现永恒的幸福，而是寻找真正的存在感。

痛苦就好像一片开阔水域上的风暴。浓雾密布之下，惊涛骇浪之中，痛苦向你席卷而来，而你却完全看不清它在何处。在痛苦如此摧枯拉朽毁天灭地的攻势之下，人们或直接殒命，或情感破裂，或不成人形。不仅友情难续让你心生悲凉，就连你自己也对自己失望至极。你感到了前所未有的背叛，就如同巨蟒爬上了你的心头般令你毛骨悚然。

你要明白，痛苦不是失败，人生本就充满痛苦。而这也是你检验疗愈效果的重要时刻。

哲学家

魅影女性的包容性极强，可以包容所有的情绪和体验，尤其是困难的那种。凭借这种包容性，我们逐渐形成了自己对力量的定义，尽管这个定义或许有失偏颇。

在我们停止节食后，节食就不再是什么神话故事了。在我开始试着正常饮食，从食物中获取能量后，我的脸颊很快变得红润起来。但当我坐在马桶上，看着内裤上的血迹时，恐惧立马占据了我的心头。是的，我又变成了女人。

想要走向更真实的人生并不是毫无代价的，有时这甚至会让你觉得像是在鬼门关走了一遭。我开始默默为自己哀悼。以往的恐惧感现在似乎也有一种难以言说的美，让我有些怀念。遍布全身的血管像是编织了一个令人沉醉的关于自由的诺言。富有弹性的脂肪枕在我薄薄的皮肤下，虽是薄薄一层，但却是必不可少的填充物，要是少了它，我消瘦的骨头都要凸出来了。我能真切地感受到自己正在慢慢恢复，但同时我也感受到一种悲伤和恐惧，一种莫名的自我迷失。

我并不急于摆脱这种感受，一连几个月我都是顺其自然，就让这种混合着低度的恐惧与希望的情绪萦绕在我心头。

渐渐地，我越来越能够真实地面对自己的情绪。疗愈痛苦的过程就像烘焙面包一样，如果我们掌握了所有必备的相关知识，做起面包来就会得心应手。而魅影女性并不缺头脑，我们深知，要是我们能够在一间白色的屋子里通过思考的力量就能轻松改变我们的人生，那简直不要太好了。

只是对我们大部分人而言，这常常就是痛苦的藏身之所。我们无法越过心中的坎，只能翻来覆去，纠结挣扎。或许某天我们也可能因为学习去感受情绪实在太难而选择放弃，然后一切都回到起点，就好像什么事也没发生过一样。

如果你能泰然自若地开始疗愈，那么你绝对不是真的在疗愈，你顶多是象牙塔里的学者。比起急于否认，还不如慢慢了解疗愈。首先你一定要有在现实生活中行动的想法。而唯一让你变得真实的办法就是变成一个勇敢的行医者，大胆为自己进行疗愈。你需要大声说出自己的痛苦，不再遮遮掩掩，通过这种方式来激励自己彻底改头换面。

一件小事

"好"的敌人是"更好"，"革命"的敌人是"多虑"。如果我们在自我审视的时候被乱花所迷，就很容易错失重点。这样一来，我们就变成了自己故事的粉饰者，而不是疗愈自己的行医者。

在我刚开始接触疗愈的时候，我就将自己的苦难全部列了出来。我想弄清楚究竟背后有多少故事和经历才导致我成为今天的样子。每天我都像是在做犯罪场景勘查，努力在记忆中探索，寻找蛛丝马迹，然后将这些碎片般的证据拼凑成现在的我。这就是一个很好的开端，要的就是这个样子。

当你意识到一片新的面包屑时，不要将它置于一旁以待日后，而是要随心而动，从小事做起，推动自己往前走。一步一步来，一件一件小事做起，成功就自然而然水到渠成。

哪怕是暴饮暴食之后，第二天也要记得照常吃早餐。早上醒来的时候，如果你仍感到困倦，那么你不妨选择出去走走，呼吸一下新鲜空气。你可以把右手放在自己的肚子上，左手放在自己的心口，均匀而缓慢地呼吸，哪怕只有3分钟，这样做也会给你带来不一样的体验。照镜子检查自己身材曲线的时候至少要笑着进行。自我反省的时候可以试着换种更好的提问方式。如果要做决策就痛快地下决定。要是眼泪已经堆积在眼角，就不用强行忍住，放肆哭出来吧。

每一种选择背后都附着了一种能量。当你注视着地平线，相信那就是真正的北方时，你就在重新校准你的身体。你要允许自己的心为了新的希望而颤抖，为了自己勇敢的改变而跳动。

竹子

适应力和力量并不是一回事，就好比竹子与一根金属棍子上升的方式完全不同。竹子能在劲风中弯而不折，就算被砍了，它也可以重新生长，而金属棍子就算表面涂满了化学制品，随着时间的推移最终还是会因为风吹日晒而生锈。不要忘记，你现在是活在真实的世界里，你不能用自己被伤害的方式去疗愈自己。你要做的是增强自己的适应力而不是力量，因为只有这样你才能开启一场真实的疗愈之旅，而不是所谓的完美疗愈之旅。

我并不关心你的工作做得多好，也不在乎你为此投资了多少钱，甚至不在意你每天为此付出了多少精力。

追求完美让我们变得极为脆弱，而我们之所以受罪就是因为太要强。如果我们不那么吹毛求疵，就会在不知不觉中将自己的规则和评价方式引到一些好事上。我们可以通过一天冥想两次，阅读几本好书，慢慢适应饥饿等方式进行疗愈。但要是你错过一天的疗愈会怎样呢？你会如何面对这种功亏一篑的失败感呢？

让我来告诉你怎么做，记住这句话："不要回头！现在不是退缩的时候！"然后重新开始疗愈。记住，中断了就重新开始。

如果疗愈工作只停留在表面，那么一切都不会有变化。不要死盯着把事情做好，而是要沉浸其中，深度体验疗愈的过程。如果你只盯着表面，那就无异于将自己的脚塞进小一码的鞋子，然后还寄希望能获得舒适快乐。如果你的奴性不改，就算被启了智，也只会让自己置身于一片迷茫。

你的痛苦缘于你有很多应该做的事情和必须做的事情。这些事情产生的痛苦回流到了你的体内，而且还出不去，因为你给自己画了界线。就这样，总是觉得自己不够好就成了魅影女性的合唱曲目，痛苦之声不绝于耳。

甚至当你刚刚挺过饥饿，觉得自己又朝着好身材迈进一步而心情大好时，你也会发现自己在轻声哼唱这首痛苦之歌。所以你需要赶紧停下对自我价值的评估，不要再吹毛求疵地评价自己的生活，不要再纠结自己是完美还是不足了，因为如果你测量的数据是错的，那么结果自然而然也是错的。

生活就是不完美的，生活是用来过的，生活不会因为我们的执念而被迫走上另一条时间线。疗愈也是一样，我们必须要有足够的耐心等待我们的灵魂赐予我们新的生命。我们要做的就是一遍又一遍地去感受，去清除，去原谅。

每天都是一个选择的机会。你要像竹子一样学着以尽可能温柔友善的方式在劲风中弯而不折。你要渐渐修炼出无欲无求的心境，然后你就会感受到自己的灵魂在向你低语。

你需要仔细考虑一件事情，那就是在你想感受真实的时候，你该如何借助你的力量来忍受随之而来的考验。你体内的这股生命力不应被限制起来，你的精神也不需要那么多被裹挟的规则，不管这些规则多么具有启发意义。你的精神要的是像糖浆一样恣意流动，是呼呼大睡一整天，是将自己的双脚踩进尘土里，是无拘无束，是让整个房间充满欢声笑语。

切记不要将疗愈变成另一场对你灵魂的杀戮，要记住疗愈的目的是将所谓的价值量尺或价值计算器从你的人生中移除。你要做的是学会理解"风"，然后像竹子一样在风中弯而不折。

不管你在意与否，你的人生都是一直往前、永不停歇的，你的人生也不会一直顺应你的心意。你不是生活在实验室当中，不确定、不可控的因素到处都是，比如你无法掌控天气，你也无法决定别人在撞倒你时做何反应。

你无法保证自己能够将简单的呼吸练习一直做到位，你也不见得每次都有机会慢下来。你会经受各种小小的挫折与不便，也会遭遇各种重大的甚至关乎生死的危险时刻。

你其实一直都有选择权。是继续减肥，独自吞下所有情绪，痛斥自己的弱点，麻痹自己直到自己彻底失去发声的能力，还是选择培养自己弯而不折的能力，都由你自己决定。

艺术家

痛苦是无法避免的，但这不是要点。不要想着一劳永逸。你正在创造自己的未来，而痛苦则是你上升时用到的燃料。不要傻到坐在这堆燃料上然后等着它爆炸。在感受自由带来的喜悦时，你也要从中获取经验教训。

我们来到世上是为了生活，所以我们要尽可能保持心胸开阔，要多将自己的目光放在积极美好的事物上，要让自己的心灵沐浴在自由的阳光下，即便做起来并不容易也还是要努力为之。我们不仅要笑得最大声，还要发自内心地笑。

　　如果你能够坦诚地面对自己的情绪，那么你的心灵会变得更加多彩。这个过程就如同往一杯凉水中滴入一滴粉色墨水，它瞬间就会扩散开去。过了那么多年非黑即白的日子，到了给自己的人生增加一些新色彩的时候了。

　　如果你相信受伤不可避免，那么伤害就总会发生。不妨换种方式去生活，让自己的人生也变成一件艺术品。你就像一个艺术家，一个充满创意的导演。一直以来你都在刻意引导他人的目光和梦想。大多数时候，他们看到的作品是美的，但你自己的人生作品呢？你自己的人生就不得不屈服，不得不让步？可你的人生作品就是你自己啊。

　　你所做的一切都成了你的一部分。每个时刻，每个碎片，黏合在一起，才构成了全部的你。可就算这样，你还是不完整，你还有很多东西要学。

　　不管怎样，时间从不会停止它的脚步。为什么不变得勇敢一点呢？为什么不还自己以真实、坚强、多彩的人生呢？

　　你不仅是一个艺术家，还是自己未来的创造者。你所想要的一切其实早已存在，那个你所追求的遥不可及的完美女人其实就在你的身体里。也许她不那么有耐心，但她的确在等待着你发现她，牵起她的手，然后朝着你心中的某个地方奔去。

请把完美主义放到一边吧，因为完美主义根本衡量不了你。每天你都在毫无根据的情况下就开始采取各种行动让自己被大家看见。慢慢地，你学会了欣赏自己的诚实坦荡，并敢于暴露真实的自己。你开始邀请生命中最重要的人一同检验疗愈的效果，你也学会了与自己未疗愈的那部分共处。你还是会一次又一次地落空，好像永远也成不了理想中的自己，但你不会放弃，失败了就爬起来，屡败屡战。

爱情故事

我一直都知道自己要嫁给现在的男朋友。他是个美国人，但却有股英国人的味道。他的皮肤粗糙，上面布满雀斑，一脸硬得扎人的络腮胡，里面夹杂着几缕姜黄色和白色的毛发。他明明年纪不大，却一副老气横秋的做派。他拥有运动员般健壮的体格。就算我说话有着浓厚的苏格兰口音，他也毫不在意，他更不会像别人那样喝上几口威士忌，然后就调侃苏格兰的男性穿裙子的烂梗。

他拥有我，全部的我。他爱我的思想，他跟朋友谈起我时，言语间充满了欣赏和赞叹，有时连我自己听了这些话都觉得挺不好意思。在他眼里，我是如此与众不同，他看我的方式连我自己都办不到。

他会一直示意我："看看照片上的你多好看！"可明明照片中的我都模糊了，尴尬的角度导致我的脸都歪了，或者我拍照的时候一脸傻笑。如果是我，那么我会将这种照片藏起来或者删掉，可他却能发现其中的美好。

他喜欢对一些无趣的事情发表自己的见解，比如随便看到的哪棵树或者哪座说不出名字的山。他会仔细端详地图，然后指给我："看，我们在这儿！"我喜欢他这个样子，只是我不知道该如何像他一样总能在我身上发现惊喜。

我总是盯着他，要不然就是盯着镜子里的自己看得出神。我能感受到自己对他的依赖，我对他的话深信不疑，我想尽最大努力让他开心，我希望他永远都不要离开我，也希望他的嘴角永远挂着那一抹阳光般温暖的笑容。

我一刻也离不开他的爱，因为我太缺爱了。我的自信总是随着我的身材变化而起起伏伏。于是我开始刻意收敛自己，变得越来越安静。

我就像柔软松散的沙土，任何建立在我之上的建筑（感情）都不可能坚固长久。因此我们俩的感情时不时总会崩塌一回。但我们之间又好像拥有磁场一样，我们都不会让对方真的离开自己。

我也看到了他的挣扎时刻，觉察到他时而冒出来的怒火，有一次甚至一连数月整个人垂头丧气，眼神低迷，一副愁云惨淡的样子。当他因为浑浑噩噩而弄错了数字和字母时，我都能感受到他的尴尬。

我曾经在他身上看到的闪光点逐渐黯淡了下去。他与我的世界观完全不同。他总是喜欢自作主张。因此即便他征求我的意见，我也只是耸耸肩，让他决定。我不想犯错，所以连这样小小的风险都要规避，说到底也是因为我害怕他离我而去，不再回来。

我的伤口又裂开了。我开始患得患失，不敢相信如此完美的一个男人竟然会选择跟我在一起。于是我总是设想各种未来，而他却完全无动于衷。有时我都觉得眼前这个谦谦君子也没那么好。不过不管怎么样，对我来说，有个爱人总比孤家寡人强。

这样的想法一直持续到我又开始忧心未来。我没得选择，我必须勇敢。我再也不想为了维护初遇时我在他面前的样子而继续装下去了。我是不信宗教的，但我不知道自己在多少个早上、下午、晚上独自默默祈祷，我多么希望自己能平稳完成我的疗愈过程。

我越隐忍自己的痛苦，就越能感受到他的不容易。我发现自己总是不自觉地盯着他看，想着他到底是增加了我的光芒还是夺走了我的光芒。而我这么做只是为了唤回心中的爱，因为这个世上不会有第二个人跟他一样闪耀着如此特别的光芒。

我能感受到他的悲伤，也能感受到他其他的情绪，而这是我以前完全没有意识到的。于是我就想，难道这就是我带给别人的人生吗？

有段时间我实在忍不住了，就趁着出门工作的时候，用力关上门，跳上自行车，在疾驰中放声大喊，把眼泪洒进风里，完全不在乎有谁看见或听到。我忍受不了的究竟是他的悲伤，还是我的痛苦？我的身体无法辨别。

这就像是我人生中的一节课，也是一块里程碑，是我学会弯而不折的最佳时机。我能否在这段感情中既让自己得到疗愈又兼顾他的感受？我能否给这个我深爱的男人时间来让他成长？我是否能在他必须离开我的时候选择放手？

我的确做到了。我静静地站着，完全放空。我没有想要变得强大，而且尽了自己最大的努力去重新理解自己，也重新理解这个我深爱的男人。而这看似简单的理解却并不容易，没有我以往所有的所思所学所练，这是万万实现不了的。当初用来戒掉减肥的方法终于又有了新用场。

情绪平衡

就像你无法控制自己的人生一样，你永远也无法了解一个人的全貌。他们现在爱你宠你，却可能在某一天突然离你而去。亲人过世，小狗车祸，工作被炒，朋友失联，无一不是如此，毕竟福祸无常。人生太苦，所以你才会在醒来时没来由地难过。

情绪就像海面掀起巨浪，你无法令其平息，但你可以学着憋气潜水，学会与心中的痛苦和平共处，而不是再增痛苦。你需要学着培养自己的情绪适应力，学会在自己最苦最难的时候安慰自己。情绪平衡其实就是用一些勇敢的东西，比如喜乐、关爱和平静来替换痛苦。

但在我们受伤的时候，我们很容易相信痛苦就是自己所感受到的一切。这种状态让我们感觉自己被榨干了，人生毫无希望。同时这也是"非黑即白"思维的体现。

情绪平衡的根本原则就是"和"的理念。具体而言，就是你既可以身陷痛苦，也可以心怀希望；你既可以心中有愧，也可以感觉被爱。

掌握情绪平衡的艺术将会增强你对痛苦的忍耐力，帮助你熬过难关。你已经麻木了这么久，到了开始学着平衡自己的情绪的时候了。

首先你要闭上双眼，想象自己是一片无垠的沙漠，大到可以容纳一片海洋，然后任由痛苦如海浪般侵袭全身，不做挣扎。几分钟后，引入另一种力量，这股力量强大到足以让你抗衡痛苦，它可以是一段回忆，也可以是你对未来的自己的设想，甚至是你内心那个幸福的小孩。你可以试着将这股力量调到最大，让它像黑暗中的灯塔一样引领着你。

　　想象灯塔发出的光穿过幽深的水面，就像一只只光箭刺破海洋最深最暗的一层。然后去感受这光与痛苦的融合，当你意识到痛苦已经被控制的时候，你的身体就会慢慢开始放松。

　　你既可以难过得一塌糊涂，也可以让心中充满无穷无尽的希望。你要做的只是放手一搏，勇敢尝试！

　　要提高自己的感受力，身体动作是另一种有效的方式。你可以给自己体内当下的情绪命名，比如恐惧、爱意、焦虑等。同时你要赋予这种情绪颜色，接着让你的身体表达出这种情绪，这不是一种舞蹈，你只需要随着自己的感觉舞动。你可以像一只受伤的动物一样瑟瑟发抖，你也可以在地上随心所欲地爬行。尽你所能将心中的情绪在你的身体上表现出来。你可能不会很快看到情绪平衡的效果，但你一定会有所感受，而这种感受本身就是一种奇迹。

月长石

在你选择不再麻木后，一旦你在痛苦中成长起来，你就可以彻底摆脱痛苦。对分手的恐惧一直萦绕着我，这种恐惧像巨石一样压在我的心头，让我喘不过气来。我选择静静地站在原地，任由恐惧的风暴席卷我，我选择接纳真实，遵循本心。我相信自己这么久以来进行疗愈的效果，我也相信那个自己亲手打造的"弯而不折"的女人，相信她能抗住这一波又一波的冲击。

同时，我也给了男朋友遇见真实自己的机会，让他在自己的时间里进行自我疗愈，也让他想清楚自己是否还爱着我。我相信即便他最后离我而去，我也不会因此迷失了自我。我知道，这需要时间。

在一座房子变成家时，你便无法将其焚毁。感情亦是如此。他开始跟我分享更多他内心的真实感受，这让我了解到他所承受的不为人知的痛苦，他自己给自己结的网，他心中的情绪冰川以及他是如何将其融化的。我开始从他的口中听到那些我才刚刚学会用来疗愈自己的话。这些话一下子打开了我的心结。

顿时，愁云散去，天朗气清。我又听见了他爽朗的笑声，我们又回到了最初的时光。他还是会指着地图说：

"看，我们在这儿！"他还是会跟我分享奇怪的故事以及一些傻里傻气的笑话。看着我们的猫和狗在他面前争宠，我突然理解了它们的善妒，因为我都有点吃醋了。他的爱让人感觉真好。

他再回到我身边的时候已经有了改变，他变得更智慧了，我们的相处也更融洽了，更有一种家人的味道。而在那些我感觉迷失的日子里，我总能听见他那一句温暖的"我为你骄傲！"。他的声音总能给我的心里带去一丝慰藉。要知道对一个女强人来说，这话是很难说出口的，对一个内敛的男人来说其实也是如此。

当他单膝下跪向我求婚的时候，我仿佛看见戒指上镶嵌的月长石在晨曦中闪闪发光，光芒闪烁如仙女起舞。对我来说，这不只是一场求婚。

我们如今并肩而立，因为我们代表着不同类型的勇敢。我现在可以完完全全依赖他的爱了，这是以往从未有过的体验，我希望他也能有同样的感受，明白我的爱也是他可以完完全全依赖的。

与此同时，我也明白了我唯一能保证的爱就是我对自己的爱。他此刻再爱我，明天也照样有可能离我而去，我不是说他会这么做，我是说他可以这么做。这就是为什么我还要继续自我疗愈。因为即便那一天到来了，我知道自己一定会很受伤，我也一定会安然度过的。我已经跟以往不同了，现在的我不再倚靠他人，我可以独自承受风雨了，我就是自己的归宿。纵使疾风起，我"弯而不折"。

承诺

我没有什么特别的地方，你也没什么特殊之处。一切都不过是选择罢了。但我真心希望你能选择勇敢的那一种活法。这样的话，将来某一天你就会知道，什么是真正的强大与自豪。

虽然我还是会有脆弱的时候，但现在的我再也不用半裸着站在健身房浴室里，拿着手机对着镜子左拍右拍了；现在的我再也不用在健身房被杠铃虐得头晕眼花，然后摇摇晃晃地骑着自行车回家了；现在的我再也不用狼吞虎咽往嘴巴里塞寡淡无味的抱子甘蓝了；现在的我也再不用拖着疲惫的身躯瘫在床上，明明刚刚吃了一堆抱子甘蓝却依旧饿得难受了；现在的我再也不用在心中充满对未来的恐惧了。

当我决定停止节食后，我的身体又再度生长了。我再也不会仔细端详我所在队伍的比赛回放只为研究我肥大的屁股了，我再也不会无聊地去猜测电话对面的女人有多胖了，我再也不会拼命减肥以维持体重了，我开始真正地吃饭了，家里也有了真正的食物。我惊讶地发现，原来做出改变如此容易。

有些日子，甚至有数周，我仍旧会突然意识到自己在回避自己的身体，自己在悄无声息地减肥。在这些时候，我会担心就算我停止了节食，我的身体也不会产生任何变化。我会害怕不管我的运动量比以往减少了多少，我这一身防备的铠甲还是卸不下来。在这些时候，我会感觉自己依旧脆弱。

明明我已经尽了全力，明明我已经方法用尽，明明这些年我已经拼了命在减肥。为什么我还是不够完美？这时，她便出现在我身旁，我们互相安慰彼此。我们不需要什么完美，也不需要什么强大，我们只需要活在当下，尽力而为就好。

疗愈的过程是一件艺术品，是用爱与温柔打造出来的作品。我们经受了战争的考验，只能被爱与温柔疗愈。

愿世上不再有什么魅影女性，愿你不再追求什么完美主义，愿你不必为了逃避而减肥。我希望你能做出勇敢的选择。你所经历的黑暗能引领你走向光明，痛苦不过是你走向光明的必经之路，它只有在你允许的情况下才能伤害到你。而你已经站在这里，准备迎接新的自己！

永恒

不要为流逝的年华而感伤，不要为当初的选择而懊悔，从来都没有起点，也没有终点，有的只是平凡的每一天。黎明时天空带着阴郁，黄昏时落日拖着余晖。日间万物沉寂，夜晚冰雪消融。去感受所有，然后停留一下。当你开始害怕时，请稍作停留。你会发现山川在慢慢移动，彩色墨水滴入你的空间，记忆中开始浮现所有颜色，泪水也变得斑驳，但笑容却依旧。这副身躯犹如一本剪贴簿，是点滴过往引领你来到这里，让你活到现在。多数时候，骨子里的欢愉只是说出了你做出的选择，无论是残酷的还是勇敢的。

去疗愈自己吧！

我想要谢谢你，因为你花了那么多时间跟我在一起，听我絮絮叨叨倾吐内心的感受，听我分享疗愈的方法。现在轮到你了，轮到你将自己的痛苦展现出来，一步一步做回真实的自己，不再逃避，不再畏缩。我相信你读了这本书一定不会再那么做了。

这本书或许可以照亮你内心阴暗的角落，或许可以让你的脑海中产生一些想法，然后你就可以更清楚地认识自己。我的一些话可能过于直接，但我相信这对你有益，我已经尽了最大的努力。现在轮到你了。

改变从点滴小事开始

我从不宣扬自己没有亲身尝试过的东西。如果我在书中分享了什么，那么我一定亲身体验过无数次，确保它的确有用才分享给你的。我知道你想要从痛苦中解脱出来，但解铃还须系铃人，你的问题只有你自己可以解决，不要盲目听从我的建议或其他任何人的话。不要因为了解得太多，或是听到的意见太多、太杂而不知道该怎么做。

你要了解自己究竟需要什么。去寻找引起你内心共鸣的点，耐下心来，不断练习，毕竟欲速则不达，智慧不是加热即食的速食产品，黄金也需要千锤百炼慢慢锻造。

我分享给你的并非什么新鲜事物，全都是我记忆中经历的事情。这么多年来，你的智慧因为你的痛苦而沉寂蛰伏。你要明白，时间流逝从不停歇，不要等待什么所谓的时机，现在就开始行动吧，唤醒你沉寂的智慧。不要因为外在的诱惑，或者什么新奇的想法，又或者家族的奇怪遗传而搁置了自己的疗愈之旅。因为这些诱惑无法打开你尘封的心。

你需要的不是多少知识，不是什么参考书，也不是名人引言，或者一大堆金银财宝，甚至充足的睡眠。他人的意见都不重要，你更无须等待什么疗愈的完美时机。你需要的仅仅是你自己，你需要的仅仅是日复一日的练习。只要你愿意，新的一天就会来临。

按照这本书上说的去做，用心感受什么才是最重要的，然后只取所需，舍弃其余。如果你能做到如此，那么无论走到哪里，你都是最具智慧的女人。而你所需的智慧，其实一直都在静静等候着你，就等你做出勇敢的选择。希望你从小事做起，然后成就大业。

在你体内有一种活力，生命力，或者叫它觉醒力，它会转变成你的行动力，但自始至终都只有一个你，你就是这种生命力表达的唯一介质。如果你封锁了它，那么它便再也无法通过其他任何媒介存活下来，只会从这个世界上永远消失。你要做的不是决定它好不好，也不是拿它与其他事物的表达进行比较，你要做的只是让它坦然地存在于你体内，维持它表达的畅通。你甚至都不需要给自己做心理建设，让自己相信自己或者相信自己的努力，你只需要保持开放的心态，直面那些驱使你行动的渴望，然后保持它们表达通道的畅通就好。

——玛莎·格雷厄姆

致谢

我想要感谢我的母亲乔伊斯，我的父亲阿兰，我的哥哥安德鲁，我的妹妹希瑟，我的嫂子妮古拉。

我要特别感谢我的侄女埃薇，谢谢你让我有了理由写下这本书。

我要感谢我的爱人肖恩。我知道我已经不是当年你遇见我时的模样了，而你也改变了很多。谢谢你陪我一起成长。

我还要感谢我的宠物，它们是我的柴犬塔基和我的小猫璐，谢谢你们教会了我很多小憩的技巧。

还有梅根·麦克拉肯，感谢你将我从一场书约纠纷中解救出来。

还有珍·肖，感谢你与我分享你对培根的喜爱。

安格·布拉德利，感谢你在从未看过我演出的情况下还是给了我一个宝贵的机会。因为你我会一直在这条路上走下去。

利兹·麦金纳尼，感谢你陪我坐在人行道上聊天，感谢你给了我第二次机会。

利奥妮·盖耶，感谢你帮助我度过了那些黑暗的岁月。

乔·吉列斯和卡里斯·莱基，没人比你们更懂我，谢谢你们。

还有我的外祖父，谢谢你慈爱的眼神，谢谢你打碎了那个盘子。

还有斯克里布的员工，谢谢你们让这本书的面世成为可能。

我还要感谢所有信任我，让我帮助他们进行疗愈的人，谢谢你们那么勇敢。

最后，我要感谢自己。感谢自己勇敢选择了自我疗愈之旅。感谢自己耐心地静候身体每个角落的点滴变化，感谢疗愈过程中的每分每秒、痛苦与泪水，感谢自己不管遇到多大的阻碍，依旧竭尽全力。我要感谢那些自己勇敢打破旧我、走向新生的时刻，也要感谢那些恍然大悟之后明白自己始终备受关爱的时刻。我要感谢我的老师，是他们让我明白，只有我自己才是自己的老师。我也要感谢我的挚友，是他们在我决定自我疗愈的时候伸出了援助之手。

我还要感谢疗愈过程中那些艰难的时刻，无数次我都想打退堂鼓，想放弃，但想想当初自己为何走上这条路，我又坚持了下来。在我疗愈自己后，那感觉如同阳光穿过窗台照进我的内心。我要感谢这已经不记得多少时日的坚持。

现在的我，仿佛赤足立于尘土之中，心里鼓声阵阵。空气中弥漫着雷雨的气息，那是苏格兰高地的雨，是故乡的雨。而我，正敞开心扉，静静聆听。我已经迫不及待地想要迎接我的未来了。